度小系列

關於度小月‥‥‥‥‥‥‥‥

　　在台灣古早時期，中南部下港地區的漁民，每逢黑潮退去，
漁獲量不佳收入艱困時，為維持生計，便暫時在自家的屋簷下，
賣起擔仔麵及其他簡單的小吃，設法自立救濟渡過淡季。

　　此後，這種謀生的方式，便廣為流傳稱之為『度小月』。

小吃拼圖

楊清華潤餅

# 路邊攤賺大錢

money10

【中部搶錢篇】

# 目錄

# 讓人魂牽夢繫的台中小吃

台中市長

胡志強

　　　中國人只要談到「吃」，話匣子就開了，而在種種美食中，最價廉物美與讓人魂牽夢繫的，通常是小吃。記得我在英國唸書那些年，其實我要比大多數的留學生都幸運的多，因為那時我已結婚成家，太太在我嚴格「哀求」下廚藝頗佳，在吃的方面跟許多留學生相較，我已算是達到高標準的滿意度。但雖如此，我還是常常想念台灣的小吃，那種饞法，相信長期在國外生

活的人都曾經歷過；一碗豆花、一碟臭豆腐、一個滷豬腳……有時想到都會做夢，而只要一有機會回台灣，就會找個夜市去吃它個夠，覺得能生活在台灣真是幸福。

　　台灣真的是小吃天堂，花樣之多、口味之好、價錢之便宜，我走過的國家大概幾十個，從沒看過一個這麼多元的小吃文化，而《路邊攤賺大錢》這套精心編輯的叢書，已經出到第十集，從北到南，造訪了上百家遠近馳名的小吃業者，從創業伊始談到成功的因素，還不厭其煩地問出製作方法與過程、鉅細靡遺的詳述老闆「獨家」撇步，不但讓像我這樣的老饕食客食指大動，還滿足了我們的求知欲，下次去吃的時候更能享受食物的好滋味，更使我對創造出這些道地美味的老闆們充滿敬意。最重要的是，這本書也為許多有心投入小吃行業的朋友指點一條明路，讓我們看到，只要肯動腦筋想、講究食材的新鮮扎實、不斷研發改進口味，一個小攤位、一客三十元的小吃，一樣可以創造出一年千萬的身價，台灣半世紀以來自貧窮躍升到今日的富足絕非倖至。

　　當然，也很高興《路邊攤賺大錢》系列叢書終於到台中來報導，雖然這次僅刊出幾家「威名遠播」的老字號小吃美食，還不到我和所有的老台中所知道的十分之一，但這是一個好開始。我們有信心，未來還會陸續看到更多專書，也歡迎愛吃的讀者到台中來，一起來探尋讓你心滿意足的好滋味。至於我呢，現在就要放下筆，帶太太小孩到夜市去happy了，要不要猜猜我們今天打算吃什麼？猜對就請你到台中來「大吃」小吃，大麵羹、豬腳、臭豆腐、雞爪凍、蓮心冰……只要你點得出名字、吃得下，全部算我的。

# 從賣小吃賺到大錢
## 絕非難事

近來許多鄉土小吃紛紛走入國宴殿堂，甚至有高級飯店推出國宴餐，地方小吃經由大廚刻意包裝後，引入飯店行銷。可見過

現任彰化縣長　翁金珠

去市井小民坐在路邊攤享用的小吃已經獲得廣大民眾的重視，未來小吃會更呈現多元融合的文化，廣受各地的歡迎。

美食小吃與生活息息相關，舉凡米食、麵食、點心或正餐皆是，我們見證歷久不衰的傳統名點，也看見了創新獨特的新品問世，小本生意也能創造出生活的希望，在在顯現出台灣人可愛的地方與在大環境不佳討生活時所展現的高度韌性。

很高興《路邊攤賺大錢》乙書，特別針對中部區域的小吃做如此詳盡的報導，包涵路邊攤起家的創業者辛勤打拼的過程、可親又可敬的老闆們對研發及傳承台灣小吃的執著與熱情、饕客如何品鑑小吃和小吃好吃的秘訣，不僅如此，還囊括店家開業指南、食材製造、美食地圖…，這本書不啻為創業者開創了一盞明燈，使其對未來燃起了一份切實篤定的人生願景，也彷若帶領讀者親自走訪這些在地小吃，一同領會大台中區域的當地文化與美好。

台灣人民的生命力，由此可見。

人生有夢，築夢踏實。值此不景氣的當口，只要努力踏實、勇於夢想，想要從賣小吃起家來賺到大錢，絕非難事！

不斷轉型的台灣順應地球村的潮流，我們並且期待台灣飲食文化能與資源不斷整合，成為觀光的一環，使其滿足國人對吃的講究，更推向國際化，而吸引更多觀光客前來分享。

# 推薦序

中華小吃傳授中心班主任

莊宝華

從2001年大都會文化出版《路邊攤賺大錢》，一晃眼現在已經推出到第十集，拜這套書所賜，這兩年間我的小吃補習班生意比以往更加熱絡，不少人都指名因為看到這本書後想要跟我學小吃手藝，表示《路邊攤賺大錢》這套書非常受到讀者的肯定與認同，也反映經營路邊攤小吃早已成為許多失業和轉業者轉換跑道的第一選擇。

這次大都會文化跨足到中部，報導中部首屈一指的小吃第一手資料，讓台灣全省對小吃有興趣，與有意利用路邊攤賺大錢的人大大受惠，而路邊攤的本薄利豐，只要用心認真經營、研究，的確是短時間內翻本或紓困的最佳良方，從書中報導的這11個店家，就可一一應驗。

藉由這本書中知名路邊攤店家的實戰傳授、經驗談與忠告，有心開業的路邊攤生手不但能少走許多冤枉路、少花許多冤枉錢，還能早日達成小本致富的美夢；當然，直接登門到莊老師這裡學小吃手藝也是不錯的方式，若能兩相運用，相信必能得到最大的效益。

# 作者序

**本**書即將完成時，我苦於如何為作者序下筆之際，好友剛好打電話來談及出書事宜，好奇問我出書題材何其多，為何獨獨選中地方美食小吃類，並做如此深度的報導，這讓我頓時回到原始動念的起點，曾走過的中部美食小吃、一幕幕的採訪過程，彷彿看電影般又回到腦海，循序播放……。

《路邊攤賺大錢》的原始動機在於：介紹中部地方美食小吃，獨家披露其中創業艱辛、溫馨小故事；為失業、待業、急需創業的朋友提供一份詳實的創業資訊。的確，細數筆者所採訪過的中部店家，多起於種種因素引起的貧困或潦倒，或是生計受到威脅轉而做起小本生意，歷經多方磨難，今日才終致成功的彼岸，而從業者原始創業動機、歷經風霜雪雨轉折的歷史故事、以及在平實生活中奮鬥的過程……，這些「真實的人生故事」，在某種程度上都在勉勵讀者及自己，不斷向各行各業堅守崗位及盡忠職守的朋友學習，並趁此獻上最高的敬意。

這是一本實用的書、更是一本實用的生活書，也是一本有趣的故事書。在這本書中可看到每個不同的精采人生：有經商失敗重創後，以小吃發跡而改寫人生版圖；也有在艱難困苦的時代背景，因經營路邊攤小本生意得以養活一家大小，甚至因此致富，還將台灣小吃的道地口味做了做好的傳承…，諸此種種，也都是本書值得閱讀之處。

文末，麗紅衷心感謝協助本書採訪拍攝的店家及相關朋友們，並恭祝各位一切安順！

# 阿水獅豬腳大王

- 皮Q肉嫩易入口
- 宴客送禮都稱頭
- 阿水獅的滷豬腳
- 宅配到家免奔波

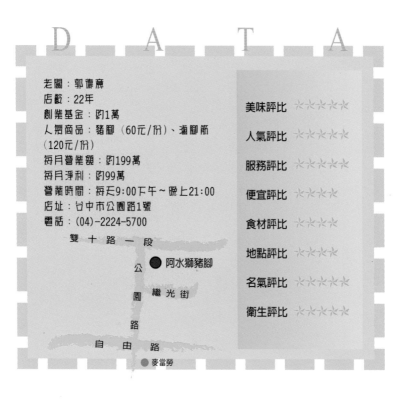

老闆：郭德崑
店齡：22年
創業基金：約1萬
人氣商品：豬腳（60元/份）、滷腳筋
（120元/份）
每月營業額：約199萬
每月淨利：約99萬
營業時間：每天9：00下午～晚上21：00
店址：台中市公園路1號
電話：(04)-2224-5700

| 美味評比 | ☆☆☆☆☆ |
| 人氣評比 | ☆☆☆☆☆ |
| 服務評比 | ☆☆☆☆ |
| 便宜評比 | ☆☆☆☆ |
| 食材評比 | ☆☆☆☆ |
| 地點評比 | ☆☆☆☆ |
| 名氣評比 | ☆☆☆☆☆ |
| 衛生評比 | ☆☆☆☆☆ |

雙 十 路 一 段

公　　　● 阿水獅豬腳

園　繼光街

路

自 由 路
　　　● 麥當勞

來自彰化八卦山的原始傳統美味、之後在台中生根茁壯的「阿水獅豬腳」，紅遍整個演藝圈，而且曾榮膺阿扁總統欽點為女兒婚宴的佳餚，堪稱是平民化消費、國宴級美味的阿水獅豬腳，讓人垂涎三尺，欲罷不能。

　　郭老闆自豪的強調：「阿水獅豬腳真的沒有獨家配料秘方！」令人訝異的是這麼好吃的豬腳，其實僅由紅甘蔗、醬油、蒜頭與米酒調味！經過極為繁複精密的冷凍、解凍、熬煮及不斷撈油去油的過程中，才燉出一塊塊紅通通、香味四溢的豬腳，它不油不膩、又軟又Q、入口即化，光是那油亮的金紅顏色就令人口水直溢：而一入口後鹹鹹甜甜的平實滋味，不管單吃豬腳或下飯都很適合，而且

不需再準備沾醬，眞是方便又美味。

由於阿水獅豬腳實在太受歡迎了，目前全省都可宅配到家，全省各地均可送達；天天吃到阿水獅豬腳早已不是問題囉！

阿水獅的斗大招牌，是筆劃算出來的。

## 心路歷程

來自彰化的郭老闆，十來歲起就愛上八卦山下「豬腳大王」的豬腳口味，近十年的時間都經常到此吃豬腳，漸漸與老闆熟悉後而學會如何滷出好吃的豬腳，但是郭老闆並沒有去賣豬腳，反而北上經商做紡織，到民國65年適逢能源危機，原本平順的生意遇到了極大的巨變而徹底崩盤，但是這卻也剛好促成了阿水獅豬腳的興起。

民國六十五年的台中是以爛肉飯爲飲食業大宗，其中幾家早已做出知名度，郭老闆當時曾考慮加入，後來因爲擔心無法順利開拓市場而做罷。就在此時，當他一想起故鄉彰化的美味豬腳，不僅是自己最愛吃的而且自己也會做，所以就毫不考慮的與妻子埋首投入豬腳事業。

剛開始，他們夫妻兩人每天從早上七點就開始準備材料，一直賣到凌晨二點多才回家休息，即使生意不好，客人只有一、二個，

回首當年辛苦經營的點滴,成功就是不要怕艱苦,肯做就一定會有收穫。

老闆郭德意

他還是和妻子兩人守著攤子,不離不棄;這樣長年無休、風雨無阻,一點一滴地蒐集客人的口味與喜好,才慢慢擁有自己的忠誠客戶。

郭老闆民國七十年來到台中市中區經營店面時,一開始只是慢慢在平衡店面的租金成本,後來中區開始發展,歌廳、舞廳、馬殺雞等場所紛紛設立,就連服裝店、珠寶店、銀樓也都跟著進駐,把大量人潮引了進來,持續十多年的風光時期就此開展。因為阿水獅豬腳的營業時間到凌晨,所以很多當時歌廳演藝人員下了班,都會來這兒吃宵夜,一時之間,「阿水獅」的名號響徹當時的演藝界,郭老闆驕傲的說:「除了鄧麗君不曾來過,其餘所有知名藝人如崔苔菁、楊麗花、陳美鳳都曾到此捧場過!」雖然目前中區娛樂事業已經沒落,但是許多演藝界人士路過這裡,一定會到此光顧。

後來商圈沒落,店面生意因而逐漸下滑,拜媒體的廣泛報導,阿水獅的知名度依然大開,生意沒有受影響,近二年間,阿水獅更以豬腳禮盒與宅急便外送服務的搭配方式來拓展客源,目前阿水獅的豬腳全省早已皆可送達,而且營業額已經佔全店營業總額的五成左右。

香噴噴的豬腳搭配店內招牌小菜,不禁讓人猛吞口水。

阿水獅豬腳大王

17

# 經營狀況

**命名**
原本是路邊攤時叫做「可口豬腳大王」，註冊時，才另請人算筆劃更改店名。

「阿水獅豬腳大王」原名為「可口豬腳大王」，但在正式註冊為店名時被退件，才請人重新算過筆劃改為「阿水獅豬腳大王」，算命師說，「獅」就是「大」的意思，以此命名豬腳一定大賣，現在果然被應驗。

每個宅配禮盒10塊裝，售價600元，運費另付，目前宅配數量已經高達每日營業額的半數。

很多路邊攤的店名，如果不是以產品本身來命名，就是以老闆的名字與衍生出來的典故來取，可是「阿水獅」這個親切好記、又具鄉土味的店名卻非以上兩者，令人有點訝異。

高樓平地起，一枝草一點
露，阿水獅總部。

 **地點**　一開始做生意，地點的選擇是關鍵，郭老闆選擇當時既繁榮、人潮又多的台中市「一心市場」做為起點。

最早路邊攤起家時，郭老闆選擇當時既繁榮、人潮又多的台中市「一心市場」做為生意的起點，經過五年長時間的日夜經營，才奠下口碑與基礎。

因為手頭現金不多，所以第一家店面就選在自由路台中公園旁，當時那地方屬市區外圍，房租較便宜，後來經濟起飛，台中中區娛樂業興起，帶動了周邊商機與人潮，郭老闆的豬腳生意也跟著蓬勃發展，所以才又在附近找到公園路1號的空間，把它開拓為自營店面，成為總店至今。

**租金** 自由路與公園路一帶的月租金，都至少要5到6萬元。

郭老闆擺了路邊攤五年後，才租下當時算是比較郊外的自由路台中公園對面當店面，月租一個月二萬多，到了八年後才買下公園路總店現址，這二十多年來公園路附近店家的租金有起有落，但平均價格都維持五萬元左右，自由路店面的月租則要六萬元。

這麼好吃的豬腳，其實僅由紅甘蔗、醬油、蒜頭與米酒調味。

**硬體** 由於阿水獅豬腳已具一定規模，中央廚房設備與店面裝潢花費將近一百萬元。

現址公園路總店是十多年前花了三千多萬元所買下來的；郭老闆爲了顧及品質及作業統一起見，在其二樓設置了中央廚房，兩家店的需求量都統一一處來處理，品質衛生看得見，比起一般廚房也更具整體規模化，花費當然也比較高。由於阿水獅豬腳已具一定規模，而啓用中央廚房設備，十多坪廚房的廚具皆使用不鏽鋼，設備花費在卅萬左右，二、三十坪營業場所，包括店面裝潢、桌椅、冷氣與照明設施則約需花費五、六十萬元，這些造價完全取決於材質

的種類與品質，而裝潢部分也可依個人所需，如果最早是從路邊攤起家，可以用一般早餐餐車來取代廚房設備，郭老闆提醒，想要創業的人一定要一步一步來，千萬不要貿然投下大量資金。

## 食材

二十多年來豬腳都是向有CAS認證的固定冷凍場批貨，品質一定。

這二十年來，阿水獅豬腳的供應商是經由ISO檢定合格的竹南普會冷凍食品CAS電宰豬腳，取用前腳部位，因為這部位的肉質比較Q；阿水獅豬腳所使用的滷汁也是用心之處，郭老闆長久選用南投「高慶泉醬油清」，因為高慶泉醬油完全不含防腐劑，進貨時都還是新鮮溫熱的狀態，非常的香甘醇，迥異於一般坊間醬油不是太鹹，不然就是不夠香的窘狀，其價位自然也比一般醬油高出不少。蒜頭在固定時間採買，絕不囤積，米酒則是公賣局的20度C料理米酒，品質具公信力；並以天然的紅甘蔗汁取代了冰糖與紅糖，所以客人所食用的每一個豬腳都不含糖。

郭老闆所購買的豬腳價格比市面上高一些，因為需要透過冷凍廠清洗處理，裁切成一定的大小重量，一年之中一斤平均價格在六十元左右；蒜頭有季節性，平均市場價格一斤約四十元，料理米酒則是公定價格，一瓶約70元。

阿水獅豬腳的滷腳筋香Q又入味，也是其招牌。

**成本控制**　食材首重新鮮，絕對不能節省，人事成本可以再調整。

郭老闆表示：「節流之前要先開源。」而好吃才有銷售，量多才能降低成本，所以要先把生意做起來，才能想到如何節省成本；所以，認真做好要賣的商品，在品質與口碑兼具的

不僅總店生意好，自由路的店面也常高朋滿座。

情況下，等到生意做起來，再回過頭來思考節流的問題會比較好；這其中還要掌握一個重點，就是所有原料成本都不能為省錢而降低品質，因此，這樣算一算，只有人力成本可以節省。

**口味特色**　皮軟肉細、入口即化、滑潤爽口，完全不需沾醬便美味宜人。

阿水獅豬腳的滷豬腳過程十分嚴謹、用心而繁複，有幸看到滷

製豬腳過程,小編心中實在萬分感動,也對阿水獅豬腳起了很大的敬意。首先先談談豬腳的前製過程,豬腳拔毛後,經熱水80度川燙,再用零下5度C的冰水浸泡5分鐘,再於零下35度C急速冷凍12小時之後,才送到阿水獅的中央廚房置於零下20度C的冷凍室,約12個小時,取出後先用水龍頭適溫下的水直沖豬腳二至三小時後,再滷兩個半小時(滷汁要先處理好),然後關火浸泡10至12個小時,至隔天後再將其急速冷凍於零下25度C24小時,之後再拿出來用慢火解凍1個半至2小時,等到燒開後才算告一段落,就拿到黑色的砂鍋(又稱狗母鍋)慢熬,靜待客人的點用。

　　這樣的製法,滷吃來的豬腳怎不美味?!而為了留住豬腳的原味湯汁,展現豬腳的鮮度,在滷汁上以甘蔗汁與醬油的簡單調味、大蒜與米酒則可去豬腳腥味,且由於大量一起煮,呈現的特殊美味絕非量少所烹調的能相比。這樣皮軟肉細、入口即化、滑潤爽口的豬腳,完全不需沾醬便美味宜人,不僅老少咸宜,吃過的都說讚!不僅如此,阿水獅的滷腳筋也是客人常點的小菜,用滷豬腳的原汁所滷出來的腳筋,吃起來又香又Q,獲得很多饕客的青睞。

經過長時間的熬煮與烹煮不時撈油,讓阿水獅的豬腳吃起來香Q不膩口。

**客層調查** 以老主顧為大宗，而演藝圈內藝人，每每經過更是都會進來品嚐回味一番。

現在台中市中區已經沒落，人潮大不如前，巷道陝窄停車不便，若非忠誠度很高的客人，比較不會專程跑來此地購買。還好早期累積的老主顧及知名度，再加上現在有新鮮宅配運送，全省各地連澎湖地區，都可以不出門就吃得到阿水獅豬腳。

到店內消費的客層，除觀光客外，大部分都以主顧客居多，如附近鄰居與上班族，但因為周邊商機沒落，所以上班族與逛街人潮都已經大量減少。

早期中區演藝事業興盛，演藝圈內藝人至今仍不忘阿水獅豬腳大王的好滋味，每每經過台中都會進來品嚐回味一番。

 **未來計畫** 自由路店面由郭老闆的兒子經營，郭老闆希望下一代能維持平實的經營方式，繼續傳承好味道。

目前台中的兩家直營店距離不到500公尺，很多老主顧都會到總店來吃豬腳，和郭老闆聊聊往事。雖然郭老闆不是台中本地人，但二十年來的在地經營，顧客早已和他如朋友般，只要有時間空檔都會彼此聊上幾句。目前自由路的店面由郭老闆的兒子來經營，郭老闆希望孩子能繼續維繫平實的經營方式，傳承好味道。

## 創業數據一覽表

阿水獅豬腳大王

| 項　　目 | 說　　明 | 備　　註 |
|---|---|---|
| 創業年數 | 22年 | |
| 創業基金 | 10,000元 | |
| 坪數 | 兩家店都各佔40坪，共80坪 | |
| 租金 | 公園路自有，自由路月租6萬。 | |
| 座位數 | 各為40位，共80位 | |
| 人手數目 | 各為10人，共20人 | 公園店（著重生產）：中央廚房5人，店面中內廚2人、外廚1人、外場2人。自由店（人潮流量大）：廚房2人、內廚2人、其餘外場共6人。 |
| 每日營業時數 | 12小時 | |
| 每月營業天數 | 30〜31天 | |
| 公休日 | 無 | |
| 平均每日來客數 | 300〜400人 | 平均150元/人 |
| 平均每日營業額 | 52,500元 | |
| 平均每日營業成本 | 21,000元 | |
| 平均每日淨利 | 31,500元 | |
| 平均每月來客數 | 13,300人 | 假日來客數約為平日之兩倍 |
| 平均每月營業額 | 1995,000元 | |
| 平均每月營業成本 | 997,500元 | 雜支15%、原物料15%、人事成本20% |
| 平均每月淨利 | 997,500元 | |

★以上營業數據由店家提供，經專家約略估算後整理而成。

# 如何跨出成功第一步

不論是選擇加盟別人的廠牌，或者是自己自創，郭老闆說：「食材原始成本的計算一定要控制在四成以下，但是如果拿現成的食材，人工成本可以減少，就不在此限。」

郭老闆建議，一剛開始做時價格一定要便宜，別人賣十塊，你只要賣八塊；只有好吃又便宜才會有生意上門，而且唯有專心、用心、不灰心才是成功經營的不二法門。尤其現在大環境並不好，營業時間一定要比別人拉更長，而且要定點定時，風雨無阻，這樣長時間下來，才能培養固定客源。除此，當客人少時，也可以坐下來和客人聊聊天，當作是多結交一個朋友，並從中拉抬客人的忠誠度。

除此，郭老闆還力諫路邊攤老闆們，就算已經賺了錢也不可因此怠忽，千萬不可兩天開店、一天休息，更不可染上惡習去賭博或是每天喝酒，唯有「吃苦耐勞」才能常保客人經常上門。

# 滷豬腳 做法大公開

# 作法大公開

　　選前腿豬腳切段，清洗乾淨後將豬毛剔除乾淨，便可在家裡試著烹
調豬腳美味。

## ★材料

| 項　目 | 所 需 份 量 | 價　格 | 備　註 |
|---|---|---|---|
| 豬腳前腿 | 一隻 | 50～60元／斤 | 傳統市場可購得 |
| 甘蔗汁 | 酌量 | 12～15元/台斤 | 自己搾甘蔗汁比較麻煩，也可以紅糖取代 |
| 蒜頭 | 2～3大顆 | 40元/斤左右 | 傳統市場可購得 |
| 醬油 | 酌量 | 30～35元/罐 | 超市有售 |
| 20度C料理米酒 | 酌量 | 70～80元/瓶 | 超市有售 |

## ★製作方式

### 1 前製處理

一般請豬肉販先幫忙切段,回家清洗、並除毛,乾淨後備用,大蒜也撥開清洗乾淨。

### 2 製作步驟

1 把買回來的豬腳,洗淨後用清水不斷洗滌。

2 準備蒜頭、米酒、醬油、甘蔗汁,先以容器調味。

3 清水煮開後，放入豬腳、先前調味好的滷料也一起放入。

4 邊滷邊撈油，將油脂撈乾淨，約滷2至3小時便可。

5 盛到盤子上，就是香噴噴的原味豬腳。

## 在家DIY小技巧

　　把豬腳洗淨之後，切段，將醬油、甘蔗汁、蒜頭、米酒酌量調味成滷料，把水煮開後放入豬腳及上述滷料，小火慢滷約3小時，邊滷邊撈油，熟爛易食、爽口不油膩的美味豬腳便大功告成。

## 獨家祕方

　　強調新鮮選材，不添加任何香料，以原味呈現豬腳的美味；回歸豬腳的原始口味就是獨家祕方。

阿水獅豬腳大王

## 美味見證

　　阿水獅的豬腳，入口即化，肉質非常軟而嫩，味道又夠，完全沒有豬腳的臭味，不用啃，直接用吸的就可以，所以老人家都吃得動。雖然住在新竹，可是至少一個月都會來吃一次，每次也都會帶一大鍋回去帶便當（約12個），真的很喜歡吃這裡的豬腳。

李先生　29歲
程式設計師

# 彰化貓鼠麵

- 八十逾載老字號
- 貓鼠三寶冠全台
- 千禧消費金牌獎
- 口耳相傳歡喜嚐

老闆：陳洪權
店齡：81年
創業基金：約1萬
人氣商品：貓鼠三寶麵（50元/碗）、蝦丸
（5元/個）、香菇丸（10元/個）、雞捲（10
元/個）
每月營業額：約118萬
每月淨利：約76萬
營業時間：每天9:30～晚上21:00
店址：彰化市陳稜路223號
電話：（04）726-8376

|  |  |
| --- | --- |
| 美味評比 | ★★★★★ |
| 人氣評比 | ★★★★☆ |
| 服務評比 | ★★★★★ |
| 便宜評比 | ★★★★ |
| 食材評比 | ★★★★★ |
| 地點評比 | ★★★★☆ |
| 名氣評比 | ★★★★☆ |
| 衛生評比 | ★★★★☆ |

彰化貓鼠麵

**榮**獲消費者協會評審為傳統美食與健康美味兩個獎項，並獲頒中華民國消費者協會89年度「千禧金牌獎」的彰化貓鼠麵，自日據時代至今已經超越一甲子時間，跨過了悠長的八十年歷史門檻。

聽到「貓鼠麵」，有人聞之色變，有人心生好奇，其實貓鼠麵屬於傳統擔仔麵的一種，可是又與台南擔仔麵的乾式吃法不同，精製肉燥與蛤仔湯細煉後的湯頭，加上彰化特有的寬肩油麵麵條，成就了這一碗帶著濃濃傳統擔仔麵味的湯麵，而光只是吃麵喝湯，實在不夠過癮；所謂的貓屬三寶，並非指貓耳朵、貓鼻子與老鼠尾

巴，而是雞捲、蝦丸與香菇丸，加進麵裡就成為貓鼠三寶麵。這三寶也可以各別加點，因為這三寶實在太可口了，也因此時常供不應求，老闆只好常常連夜趕工來製作，好讓遠地而來的饕客能夠大快朵頤一番。

位於彰化火車站附近的「貓鼠麵」，平常就人聲鼎沸，一遇到假日人潮更是擁擠。

　　店面裡衛生乾淨的工作檯、整齊劃一的工作圍裙，擺脫了傳統老店給人的陳舊印象，客人在此舒適的環境便可以輕鬆享用到八十年前的傳統好滋味。

## 心路歷程

　　貓鼠麵是彰化名點，被喻為彰化三寶之一，從民國十年至今，已歷經三代經營，這個近八十餘載的老店，店名是取自創始人陳木榮先生生肖屬鼠，生性機靈，為客人端麵的速度極快，彷若老鼠般穿梭在人群中，所以得此「貓鼠」名號。

　　接受過完整高等教育的第三代陳老闆，雖然自小在麵攤中耳濡目染，但是原先並沒有繼承家業的打算；電子科系畢業的他，退伍

後在一般公司就
業，後來因為沒
有其他適合人選可以繼
承，惟恐貓鼠麵有失傳之虞；且不捨放
棄祖父、父親數十年奮鬥的心血；為了
接續這數十年來的口碑，夫妻倆毅然決
然放棄原職，一心一意為繼承家業而努
力。

貓鼠麵傳到我這邊已經是第三代了，我一定會更努力用心的把它傳承下去。

老闆陳汝權

　　陳汝權夫婦都深深以「貓鼠麵」為
榮，為緬懷先人辛苦創業所打下的知名度，夫妻倆人兢兢業業，一
心以傳承良好家業為重，口味並遵循古法絕不失真。因應客戶與時
代變遷，除了麵條是從固定廠商取得外，其餘配料如雞捲、蝦丸、
香菇丸等，都是傳承家法製作，自祖父時代的原創配方流傳至今，
一絲一毫都不敢馬虎。

## 經營狀況

命名　　既無貓肉，也無鼠肉，原來是老闆綽號
「老鼠仔」…。

　　創始人陳木榮先生個子瘦小，手腳靈活，動作敏捷，綽號「老
鼠仔」，因以賣麵維生，所賣的麵就被稱為「老鼠麵」，閩南語發音

稱「老鼠」為「貓鼠」，所以「老鼠仔」賣的麵就被稱為「貓鼠麵」，一直沿用至今，且因為麵名特殊，讓人留下深刻印象。

## 地 點

今年三月搬到陳稜路上的現址，陳稜路屬彰化火車展商圈，人潮眾多，且路面寬廣好停車。

十年前貓鼠麵的店面位於目前陳稜路現址的正對面，但因為陳稜路舊址面積太小，屋齡又老舊，才遷移至鄰近的長安街上，由於長安街鄰近舊址，且地處彰化火車站附近，具有吸引來來往往人潮與外來觀光客的優勢，於是這一待就是十年，但因為長安街巷道狹窄，停車不易，至一年多前，陳老闆因緣際會買下十年前位於原舊址的正對面空屋，由於陳稜路同屬彰化火車站的商圈，人潮眾多，

整潔現代的營業場所，一掃陳年老店的刻板印象。

從火車站走過來不用五分鐘就到了，而且陳稜路的路面遠較長安街大，比較好停車，現址店面空間也十分寬敞，再加上重新搬回十年前舊址的對面，也方便老顧客辨識，地緣關係好，這些都是現址的優勢。因此今年（92年）三月便正式遷徙至原陳稜路正對面的現址。

 三十六坪店面，同路段月租行情約三萬元上下。

陳老闆花了兩三年的時間，在好時機與好價位下買下現址，一樓為店面，二樓做為住家使用，一樓店面的面積36坪，容客數有70至80位之多，目前同路段的租金行情約為三萬上下，先前長安街的店面，約三十坪左右的營業店面，租金約二萬多元。

 煮麵用攤車、配菜工作檯、瓦斯器具、桌椅共約十萬元。

老闆娘說：「別的硬體設備不說，煮麵用的器具與作為冷藏使用的冰庫，是少不了的配備，冰庫不需太大，足以放置當天食材即

可！而桌椅也不能省，可依營業空間大小需求而定，所以這些林林總總的配備估算下來，花費至少10萬元。」

　　老闆娘也認為裝潢並不是很需要，視個人營運需求而定，一般小吃店都以物美價廉取勝，所以主要成本花都在食材上，營業環境只要力求衛生、清潔即可。

蝦丸、雞捲與香菇丸就是所謂的貓鼠三寶，吃過的人都難忘那美味。現在也可以宅配到家，不用一路千里迢迢的跑到彰化了。

 食材　「貓鼠麵」是主角，湯頭、配菜用料新鮮，就能取勝。

　　貓鼠麵的靈魂所在，在於精心熬煉的肉燥高湯，陳老闆每日採買精選豬隻後腿肉，並與扁魚、醬油、蔥等熬上2小時（扁魚與此湯頭較對味，蝦米則不適合），加入鮮蛤湯、添上蔥蒜等調味，再煉約一小時「提味」後，就是久煮不濁的獨家「高湯肉燥」。

度小月系列10

中部 搶錢篇

彰化貓鼠麵

貓鼠麵的三寶：雞捲、香菇丸與蝦丸，主要食材各是豬肉（不是雞肉喔）、香菇與鮮蝦；陳老闆夫婦每天都會親自到場挑選食材，不敢怠忽，而且所有材料

以鮮蛤湯為湯底，加上肉燥精燉，喝起來有海鮮的甜，有扁魚的甘味，這鍋高湯是祖傳的好味道。

幾乎都當天進貨，雖有冰庫冷凍，但也以新鮮為原則。這三寶就在夫婦倆嚴格把關下，不僅對材料篩選極為用心，製法與配料也都遵循祖傳秘方，口味自是獨特。

值得一提的是，雞捲的內餡由筍子、香菇、豬肉、油蔥、醬油等調味料製作而成，有別於北部一般長條狀雞捲，內餡為魚漿、洋蔥、紅蘿蔔、高麗菜、糖與味精，得靠沾醬來提味，陳老闆的雞捲吃得到肉的香Q，一入口的甘甜實在令人難忘，而混著高湯吃，一口雞捲、一口麵湯，美味又順口，絲毫不讓人感到油炸品或有的油膩。

成本控制

先前在長安路上的月店租要兩萬五，是每月一大重擔，現在自己買下店面後，開銷省去不少。

老闆娘說：「這些食材幾乎都是自己製作，已經能省盡量省

了，但是食材的品質卻省不得。人力所需則配合客戶流量而定，其餘開銷就是固定的水、電與店租費用。」

　　孩子還小，夫妻倆為了精簡人力，扣掉接送小孩的時間，所有時間夫婦兩人都在店內幫忙，而節省了部分的人工成本。先前在長安路上的月店租要兩萬五，現在自己買下店面後，租金部分就省了下來。

## 口味特色

「貓鼠麵」是主角，加上湯頭與配菜用料新鮮，就能取勝。

　　「貓鼠麵」的食材特點在於絕無僅有的「高湯肉燥」，想像一下扁魚與肉丁熬煮到完全融入湯汁裡，再混著鮮蛤湯的清香湯頭，那香醇的口味，令人一輩子難忘。

　　在三寶方面，蝦丸好吃有秘訣，陳老闆說蝦子如果用攪肉機攪拌，蝦子的纖維會不見，吃起來口感就不好，而且做蝦丸的蝦子一定要新鮮，以手工精製的新鮮蝦丸，保留了蝦子油脂，吃起來有蝦肉的感覺，而聰明的陳老闆還把做好的蝦丸置入冰水中，將蝦子的油指做更好的保留，等要吃時，開大火煮一下就撈起來，這不鹹不膩、軟硬適中的新鮮蝦丸不知讓多少饕客魂縈夢牽呢！

　　香菇丸也有令人驚豔之處，不但又軟又Q又香，而且還有一種自然的彈性與脆度，和坊間一般香菇丸很不一樣，陳老闆特別選用

埔里高山香菇，因它厚度夠，也特別香，又新鮮，而大陸香菇雜質多，品質比較不佳，雖然埔里香菇一斤要400至500元，大陸香菇大概只要200到300元，可是一下鍋後便立見分曉，品質差、不新鮮的香菇就會爛掉、糊掉，「捨得用品質好、價錢高的食材，做起來的東西才會好吃。」一直為陳老闆所堅信。

而紅煨豬腳更是鎮店寶之一，由於豬腳在紅燒前已先川燙，鍋底舖紅甘蔗，加入蔥、蒜、黑糖、醬油等，燜上數小時入味後，那皮Q肉滑且色味美的豬腳，一口咬下，盡是滿足。

紅煨豬腳，皮Q肉滑色美味。

客層調查　民國十年開業，至今跨過八十個年頭，不僅在台灣，連日本都很知名。

八十多年來承襲原創口味，而且價格便宜，地點又位居火車站

週邊；不要說附近居民，只要是進出彰化市的來往人潮，大多是它的主要客戶群，彰化市外大中部地區專程來吃碗麵的也大有人在；貓鼠麵除了湯頭美味、三寶配料精采，而且歷史悠久，連日本媒體都爭相報導，已成為日本觀光團體必經勝地。

因為附近都是商家店面又鄰近火車站，所以除觀光客外，又以通勤族為大宗；午間的上班族、午後的逛街人潮與洽公者，一直到晚餐通勤族與下班人潮，都是主要客層。

 **未來計畫**　重回陳稜路原址，在自己的店面繼續打拼，讓「貓鼠麵」真正落地生根。

雖然「貓鼠麵」已有81年悠久歷史，因為創始店老舊重建，不得已只好搬到不遠處的長安路現址，經過多年努力規劃，終於返回原址，這實在是對祖父的最大告慰。

夫婦倆也一致認為，愈有歷史口碑，就愈要戒慎恐懼，愛惜羽毛，誠實經營，要一步步踏穩了再前進，雖然這種想法有些保守，但卻是能讓自己「安心」的做法。

# 創業數據一覽表

| 項　　目 | 說　　明 | 備　　註 |
|---|---|---|
| 創業年數 | 81年 | |
| 創業基金 | 不可考 | |
| 坪數 | 36坪 | |
| 租金 | 無 | 店面為自家持有 |
| 座位數 | 70～80位 | |
| 人手數目 | 6人，假日8至9人 | 老闆夫婦看前顧後，3～4人負責下麵煮食，2人上麵與清理桌面。假日增加2～3位工讀生，以時薪計。 |
| 每日營業時數 | 11小時 | |
| 每月營業天數 | 28～29天 | |
| 公休日 | 每月月中及月底2天 | |
| 平均每日來客數 | 500～600人 | 平均60元/人 |
| 平均每日營業額 | 33,000元 | |
| 平均每日營業成本 | 15,000元左右 | |
| 平均每日淨利 | 18,000元 | |
| 平均每月來客數 | 約198,00人 | 假日來客數約為平日之兩倍 |
| 平均每月營業額 | 118,8000元 | |
| 平均每月營業成本 | 420,000元 | |
| 平均每月淨利 | 76,8000元 | |

★以上營業數據由店家提供，經專家約略估算後整理而成。

# 如何跨出成功第一步

　　同樣是繼承家業，都從長輩打下穩健基礎後接手，說是幸運也好，但絕非不勞而獲，陳老闆說，他從小除了上學讀書外，別人去玩，自己就幫忙做生意，沒有同儕童年生活的多采多姿，因此現在的成功也是從小累積到現在，並非接手經營後才開始努力，他只將目前的成功視為責任的加重。

　　箇中滋味雖非一般人能體會，但辛苦當中因為有「興趣」在支撐，所以讓陳老闆樂此不疲，陳老闆也認為，人一定要有動力，才能開心的工作，而一旦沒有動力，就絕對到不了成功的彼岸。

超人氣商品──「三寶貓鼠麵」與「紅燴豬腳」。

# 貓鼠麵 做法大公開

# 作法大公開

把精心燉製的獨家「高湯肉燥」做好備用，其餘如新鮮麵條、豆芽菜與自製產品：雞捲、蝦丸、香菇丸也置於一旁做準備；等水開下麵後，酌量舀入高湯肉燥，再依照口味需求，添加三寶配料，就可以端上桌。

## ★材料

| 項 目 | 所 需 份 量 | 價 格 | 備 註 |
|---|---|---|---|
| 麵條 | 一斤 | 約25元 | 傳統市場可購得 |
| 豆芽菜 | 一斤 | 約15元 | 一般市場可購得 |
| 高湯肉燥 | 酌量 | 100元/台斤 | 獨家秘方 |
| 雞捲 | 4-6條 | 1條約10元 | 獨家自製 |
| 蝦丸 | 5-6顆 | 1顆約5元 | 獨家自製 |
| 香菇丸 | 5-6顆 | 1顆約5元 | 獨家自製 |

## ★製作方式

### 1 前製處理

高湯肉燥製好備用，菜要洗淨，水開下麵，上下搖動後，將麵撈起，再下豆芽於滾水中，數秒後撈起；加湯及肉燥，添加雞捲、香菇丸、蝦丸等配料，即可。

## 蝦丸

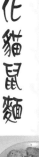

　　將剁好的蝦肉，以手工剁約半個小時，讓蝦肉變成均勻的蝦漿，而且不加任何水，再加入鹽、糖等配料，用手捏成圓形後，加上一點魚漿（蝦丸才不會散），再放入水中用沸水煮一兩分鐘，蝦丸只要浮起來就表示熟了。

## 香菇丸

　　作法與蝦丸類似，將浸泡好的香菇，以手工剁細，讓香菇變成均勻的漿狀（不加任何水），再加入鹽、糖等配料，用手捏成圓形後，加上一點魚漿，再放入水中用沸水煮一兩分鐘，只要浮起來就表示香菇丸熟了，便可撈起。

## 雞捲

醃肉材料：

1. 豬肉600g
2. 醬油半湯匙
3. 糖、酒各一茶匙
4. 胡椒少許

材料：

（1）高麗菜絲1杯
（2）胡蘿蔔絲1/3杯
（3）洋蔥絲1杯、豆腐衣2張
（4）荸薺絲30g、紅蔥頭酥15g、醬油兩湯匙，糖、鹽、五香粉
　　各半茶匙、酒半湯匙、蛋1個、蕃薯粉、麵粉各4湯匙

做法：：

一、將豬肉切成1×1×4公分左右的細條，再將醃肉料拌勻，醃
　　5～10小時左右。

二、將材料(1)、(2)、(3)、(4)及醬油、酒、鹽、糖、五香粉、
　　蛋、蕃薯粉和麵粉全部拌勻。

三、豆腐衣切成1/2張，放入做法二內的材料與豬肉五至六條，
　　再捲成長條狀，用麵糊封住封口。

四、捲好的雞捲放入油鍋中，用小火炸約5分鐘，炸至肉熟及外
　　皮酥脆即可。

注意事項：
　　炸雞捲時，油溫的控制很重要，一定要油熱時才下
　去炸，之後再轉小火，以免食物還沒熟就焦了。

## ② 製作步驟

1　水開後放入麵
條。

2　稍微燙一下就可
以撈起。

3 淋上豬油少許、
蒜泥醬汁等調
味。

4 再加上香菜、油
蔥酥來提味。

5 加上雞捲、蝦
丸、香菇丸後，
淋上精燉的高
湯，就是一碗超
人氣貓鼠麵。

## 在家DIY小技巧

一碗麵好吃與否，湯頭絕對是關鍵，下麵技巧較容易掌握，湯頭則需要多多琢磨，還好，大方的陳老闆已經「盡量透露」那多年祖傳的獨家「高湯肉燥」，有心者只要多試幾次，一定可以揣磨出這等好味道。

### 獨家祕方

「高湯肉燥」是「貓鼠麵」品質優劣的關鍵所在，本文已附貓鼠三寶簡單做法介紹，但誠如前項所提，貓鼠三寶中的雞捲、蝦丸與香菇丸都是新鮮取材，由獨家配料製成，在在都是心血，無法公開。

雖然81年的心血，無法教您自己在家製作，但卻可以到店內買「三寶」外帶回家，或者在家打一通電話，便可宅配送到家，豈不更省事！

### 美味見證

會計 許小姐 28歲

每次都從報章雜誌看到貓鼠麵的美食報導，所以特別從台中市區搭車來彰化吃這一碗遠近馳名的貓鼠麵。吃了這一碗貓鼠麵，它的湯頭很甘甜，麵身也好吃，而且三種料都很特別，讓人吃了還想再吃。

# 東海蓮心冰、雞爪凍

- 蓮心冰兒料豐鮮
- 小小雞爪立大功
- 皮香肉香骨髓香
- 口齒留香真味美

東海蓮心冰、雞爪凍

# D A T A

老闆：陳榮貴
店齡：20年
創業基金：約20萬
人氣商品：雞爪凍（25元/份）、蓮心冰
（元20/份）
每月營業額：約152萬
每月淨利：約122萬
營業時間：每天早上8：00～凌晨1：00
店址：台中縣龍井鄉新興路1巷1號
電話：（04）2632-0182

美味評比　★★★★★
人氣評比　★★★★★
服務評比　★★★★
便宜評比　★★★★★
食材評比　★★★
地點評比　★★★★
名氣評比　★★★★★
衛生評比　★★★★

國際街
東園巷
新興路
泳池巷
新興路一巷
東海蓮心冰、
雞爪凍　　新興路1巷1號

無人不知、無人不曉的台中東海名產——「蓮心冰」與「雞爪凍」，讓一屆屆東海學子與中部地區居民，無不趨之若鶩；這兩樣好吃的小吃，不僅在台中地區打出響亮的名號，在口耳相傳下，它的盛名更是早已不脛而走，遍及全台灣。

那麼到底什麼是「蓮心冰」呢？冰品底層先鋪著一層清香退火的綠豆沙，再鋪一層香Q軟的大彎豆，上面再放置全脂奶粉製作的冰淇淋冰品，自然營養、令人口齒留香的「蓮心冰」就這樣形成。

遠近馳名的「雞爪凍」則是由十多種香料搭配成的獨家滷包；經過五到六小時滷製而成，滷好的雞爪再經由特殊冷凍處理，顛覆

了一般人習於吃熱的滷雞爪習慣，更讓常被人棄如敝屣的「雞爪」，立即躍身為極受歡迎的零嘴點心，甚至還引領潮流，行銷全台灣。

經由陳老闆精心研發的蓮心冰與雞爪凍，除了口味獨特好吃，價格低廉也是吸引顧客的主要因素；要在學區內做學生的生意，尤其是想在遍佈小吃的東海夜市中求生存，便宜是很重要的行銷策略，因此陳老闆一方面貼心的考慮學生經濟能力，另一方面則以「薄利多銷」的銷售概念，為日後奠下成功的基礎。

店面雖然有些簡陋，但美味卻是遠近皆知，顧客主要以學區內學生為主。

東海雞爪凍蓮心冰每天至少都有三百位以上客人，不管在店裡吃或者外帶的都很多，一手拿一碗冰，一手拿一盒雞爪，臉上露出滿足快樂的笑容，是店面常見的景象，但也因為生意實在太好、客人太多了，不僅工作人員常常忙到沒有時間休息，就算想要整修店面也根本找不到時間。

# 心路歷程

老闆陳榮貴先生退伍回鄉後，原本從事水果加工傳統產業，加

憑著「要拼」的信念，辛勤努力才能有好生意。

老闆陳榮貴

工過程中，外型稍微不完整或者切割剩餘的部分，其糖份含量仍然相當高卻都得丟棄，陳老闆覺得於心不忍下，便思考著如何將這些甜度頗高的水果做最好的再利用，幾經思索後，決定將這些加工剩餘的水果用在冰品上，而認識了早期做「搖搖冰」的老師傅，更因此與「冰」結下不解之緣。

於是陳老闆民國67年開始學做彎豆冰（也就是蓮心冰的前身），雖然「彎豆冰」的名號是陳老闆由所取，但是製冰基礎卻是他的啓蒙師傅所教導，這位師傅後來沿用了「彎豆冰」的招牌，生意做得比陳老闆還大，「彎豆冰」三個字便在這位師傅手中打響知名度。當然「彎豆冰」這個名氣也讓陳老闆賺進了不少錢財，可是當時台灣社會「大家樂」盛行，陳老闆便把賺來的錢都揮霍殆盡，而迫使他一切都必須重新開始。

陳老闆回想起那一段在東海校園附近推著攤子「賣冰」的日子，在大熱天的夏季裡生意再好，一天下來頂多只有二千多元的營業額，他還記得有一年東海大學畢業典禮，人潮很多，可是生意卻依舊不理想，好不容易有家長駐足在他的攤位前想停下來吃冰，學生卻告訴家長：「我們吃冰都不是在這裡吃！」這句話縈繞在陳老闆的腦海裡，他不斷在想：「為什麼別人賣的價錢都比我貴，可是生意卻都比我好？」痛定思痛下，陳老闆割捨了原本多樣而複雜的冰品種類，專心只賣一種冰。

除了雞爪凍，滷鴨翅也是熱門商品。

　　由於彎豆冰本身已經融合了綠
豆沙、花豆與冰淇淋三種口味，這
個冰品口味豐富好吃、營養價值高而
且價格便宜，足以為招牌，便以單賣彎豆
冰為經營方向，果然，新學期新的學生進駐學區後，陳老闆開始有
了自己的客戶群，而且每天營業額竟拉抬到原來的十幾倍之多！而
為了平衡冰品在冬天的淡季，幾經評估後則選定以「雞爪」為主
角，讓它大放異彩。

　　剛開始陳老闆想要賣滷豬腳，可是怕客人吃一個就飽了，偶然
間發現雞爪的成本便宜，一支才0.3至0.5元，性質與Q度又和豬腳類
似，所以便決定試試看滷雞腳的市場反應。在口味上，陳老闆試過
麻油雞爪與咖哩雞爪，反應都不好，也曾仿效彰化員林雞爪，把爪
子的骨頭都拔除，但這樣又可惜，因為爪子的骨頭其實很香，於是
最後決定一切回歸自然，以滷味的方式自然呈現雞爪本色。

　　雖然一開始雞爪的推出並未受到學生歡迎，但是陳老闆化阻力
為助力，不厭其煩的試驗，且放在櫃檯請同學免費品嚐，最後總算
將阻隔學生食慾的濃濃中藥香料味拔除掉，而試出了中藥香料的種
類特性及最佳釋放點！陳老闆並從中發現，熱的滷雞爪不但量賣的
不大，不斷的溫熱過程也會使雞爪變味；相反的，冰凍過的雞爪不
僅皮更Q、更有咬勁，香料的味道滲入皮下或骨髓後，既醇又香，
因此一推出後便大受歡迎。

　　有了「雞爪凍」成功的製作經驗，陳老闆隨之開發豆干、海
帶、雞翅、鴨翅…等相關產品，各項產品都依其原有特性，以獨
鍋、獨料、獨家配方滷製而成，而非草率的把所有產品都丟入大鍋

一起滷，因此市場反應都非常好，再以10元、20元、25元、30元的低價位，穩穩地佔有市場，悄悄的收買每張嚐過這廂美味的嘴。

# 經營狀況

**命名** 與朋友一起投資開店，希望彼此在工作上連心，而命名為「蓮心冰」。

陳老闆想要以自己賣的東西直接當作店名：冰凍過的雞爪就稱為「雞爪凍」，冰品原本想要以原料花豆之名，取為「花豆冰」，但考量招牌橫披時容易左右混淆，變成「冰豆花」。由於「蓮心冰」是以全脂奶粉加了綠豆沙與花豆的冰淇淋，口味與當時流行的「豐仁冰」有點類似，為了以示區別，便以花豆彎彎的外型，再藉當時童星「彎彎」與「彎彎浴皀」的盛名，取名為「彎豆冰」。

後來陳老闆的師傅也引用「彎豆冰」招牌，在逢甲商圈做出自己的口碑，彎豆冰的名氣便被打響起來，雖

由綠豆沙、花豆與全脂奶粉製成的蓮心冰。

然陳老闆的生意量也跟著受益，但這個名字卻被他師傅的同門師兄弟給先註冊了；為免日後爭議，且由於陳老闆初來東海學區營業時是和朋友一起合夥，希望彼此可以心連心，便取「連心」的諧音來命名，「蓮心冰」就在此時樹立起自己的招牌。

以QQ的彎豆而著名的「蓮心冰」，是學生的最愛。

 **地點**　現與宅配業者合作，地點不再侷限，全省都可以吃到雞爪凍。

陳老闆擺攤賣冰時，地點從台中市區到大肚山的東海學區（東海大學門口），一遷再遷，雖然所設置的地點無一不是人潮聚集處，但是陳老闆當時沉溺大家樂，生意做做停停，不很積極，等到退到城門外時，才發現自己已經沒有後路可走。

「地點再好，可是如果自己不用心，也無法長久。」有了這樣的體認後，陳老闆就憑著「要拼」的信念，辛勤努力，不再讓自己

有絲毫藉口懈怠下來，於是生意漸漸好轉，陳老闆就在學生出入最多的東海別墅巷內，買下現在的店面。

同時，陳老闆妥善運用目前的新興行業「宅配冷凍車」──它沒有地點限制且路線密集，而讓外地「食髓知味」的饕客們免去舟車勞頓之苦，可以立即享用到美食。突破了地域限制後的「雞爪凍」（蓮心冰不以宅急便服務），宅配收單量每天穩定成長，地方小吃的營業視野被無限拓寬，陳老闆的事業因此更上一層樓。20多年來在地辛苦耕耘，如今終於歡笑收割。

**租金**　位在大學學區的巷子裡，店面與廠房面積約60坪上下，現在附近差不多坪數空間的租金，約為四萬元左右。

想要在學生人潮大量聚集的東海大學學區租個店面實在是一店難求，陳老闆目前的店面是十年多前花下上千萬所買下的透天厝，位居巷內地段不算好，全是因為蓮心冰與雞爪凍的名氣響，客人還是蜂擁而至，租金也跟著一路漲。一樓營業坪數約二十坪左右，雞爪凍廠房從店面延伸出去，由鐵皮屋所搭建，佔地約四十坪，二十多年前店面與廠房約60坪上下的租金約二萬多

除了雞爪外，陳老闆以同樣方法開發出其他相關滷味。

元，現在附近差不多坪數的店面租金約為四萬元左右。

**硬體** 門面雖簡陋，但設備相當完備，老闆建議為節省成本可以先買二手設備，再慢慢汰換。

　　說是透天店面，但因年久失修，說穿了只是佔用鐵皮搭建的部分騎樓做生意，有四十個座位足以容客；還好四面通風，所以不需另外設置空調。雖然保有了舊風貌，但常久營業下來，已到了需要翻修的時候，但因為平時生意好，無法暫停營業，因此陳老闆目前考慮先遷往他處，將原址整修後再整個搬回。

　　雖然門面看似簡陋，但裡頭的製作設備卻相當完備，以硬體設備來說，陳老闆特別跟機械工廠訂製的製冰機器，一台價格就高達上百萬元，加上冰凍雞爪用的櫃型冰庫一個、門市中型冰櫃需求二個、雙門透明玻璃冰櫃三個（供成品陳列與冷藏、半成品保存、以及材料及香料等存放）、不銹鋼滷鍋十七個，每個市價約二千元（共計三萬四千元，可到餐飲設備行購得）。這些設備合計約需一百六十萬元左右。但陳老闆說：「現在經濟不景氣，可以考量自己的資金，先買二手的，之後再依實際需求程度，分次添購。」

滷花生也是一絕。

## 食材

食材重新鮮，透過配合的廠商，讓貨源與品質更加穩定。

食材首重新鮮，不論是雞爪、雞翅、雞胗、小雞腿等相關材料，陳老闆都以「新鮮」為第一要務，他還老實不客氣的說，專門生產這些相關食材的「卜蜂冷凍食品霧峰廠」，所處理的雞爪有八成以上都在這兒，可見這裡的雞爪凍銷量之大。

生雞爪進貨價格低，坊間市場零售價一支約一元，如果大量進貨價，則一支只約三毛錢左右。由於滷雞爪所需要的香料量很大，可一次大量購買，香料類別包括花椒、甘草、肉桂、陳皮、丁香等；其他如辣椒、蒜頭則可選擇產地，在量產時節大量進貨，如果有固定配合廠商把貨源處理到所需要的程度再交貨，這樣不僅品質得以控制而且價格便宜，店家也可以省掉不少麻煩；而這時，冰櫃就是最好的幫手，能夠保存香料的乾燥與食材的新鮮。

雞爪大量購進，並以新鮮為首。

## 成本控制

人力成本比較難控制，為了提昇工作
效率與服務熱誠，傾向多班制。

　　製作蓮心冰的成本不在冰品本身，而在製冰機器，總的來說，
蓮心冰的利潤在六成上下，而雞爪凍等相關滷味的食材
成本可以以量制價來降低成本。在人手
配置上，則分製作及販售兩個組
別，按照製作過程與時段採分班
製，每班約二到三個人，由於當
班時段短，而且工作內容簡易，
所以工作效率及服務熱誠相對提
高，人力成本也可降低許多。

陳老闆也有賣滷毛豆，是下酒時的好配菜。

## 口味特色

由數十種精挑的中藥材滷製而成，冰
凍之後更加美味。

　　清涼退火的綠豆沙與口感緊實、甜而不膩的花豆相遇後激碰出
來的好滋味，令人難忘，上頭又放置著好吃的冰淇淋，難怪蓮心冰
如此大受歡迎。完全採用全脂奶粉製作的蓮心冰，陳老闆堅持不添
加讓口味及外型加分的油脂，雖然外型粗糙了點，可是比一般市售

的冰淇淋脂肪含量低很多，就算常吃也不會發胖，可以安心食用。

　　挑選十多種中藥材香料配成的滷包，再把刺鼻的香料中藥味丟棄掉，歷經數小時熬燉後，在零下11度冷卻冰凍後，讓雞爪呈現亮麗的深褐色澤，而皮下組織的膠原蛋白不僅讓口感變得QQ黏黏，且富咬勁，尤其是香料透到骨髓裡，那股迷人好滋味，讓人連骨頭都捨不得放過，細細咀嚼這吮指難捨的美味，凡吃過的必定上癮！

陳老闆精心挑選的滷包食材。

客層調查　　初以東海學子為主要客層，現在不分大人小孩都會來買，有宅集配之後，客層更是擴及全台灣。

　　陳老闆是選定客戶對象後才創業，顧客群針對東海學區的學生而研發出雞爪凍與蓮心冰。目前雞爪凍已經聲名遠播，再透過宅配低溫配送，訂購數量相當可觀，客層對象自然更為多樣。

　　雞爪含有大量膠原蛋白，頗受愛美女性的青睞；而雞爪的骨髓

又含有豐富鈣質，不管男女老幼都適合食用，尤其，雞爪凍兼具重量輕、容易保存且便於攜帶的優點，很容易就躍升為零嘴點心族的最愛，雞爪凍的客層因而整個擴展開來，涵蓋全省。

**未來計畫** 打算將自己的研究心得整理出一本書，放在學校、補習班裡當教材，讓美味能繼續傳承。

晚婚的陳老闆孩子都還小，還談不上傳承的願景。陳老闆曾經前往大陸觀摩，有意進軍大陸，但因飲食習慣不同，經過評估後目前暫不考慮前往。因此，陳老闆現在只想好好將目前工作做好，盡量使其量化、數據化與科學化，來儉省人力。另外，他目前最想做的事情就是趕快將店面整修完成，這樣才對得起長久以來雞爪凍與蓮心冰的顧客。

如果孩子將來無法繼承，陳老闆打算將自己的研究心得整理出一本書，放在學校與補習班裡當教材，把這些好不容易研究出來的美味繼續傳承下去。

好吃的滷味都是陳老闆精心研發。

# 創業數據一覽表

| 項　　目 | 說　　明 | 備　　註 |
|---|---|---|
| 創業年數 | 20年 | |
| 創業基金 | 200,000元 | 因為冰品機器比較貴 |
| 坪數 | 20坪 | 自有 |
| 租金 | 40,000元 | 含住家及40坪廠房 |
| 座位數 | 40位 | |
| 人手數目 | 1至8人 | 分工廠製作及店面販賣，工讀生以時薪計（一小時80起），當班時間長短不一。 |
| 每日營業時數 | 17小時 | |
| 每月營業天數 | 30～31天 | |
| 公休日 | 除了除夕休半天外，全年無休。 | |
| 平均每日來客數 | 300～500人 | 平均50元/人 |
| 平均每日營業額 | 40,000元 | 冷凍宅配的營業額約1/2 |
| 平均每日營業成本 | 10,000元 | 含人力薪資、水電 |
| 平均每日淨利 | 30,000元 | |
| 平均每月來客數 | 30,400人 | 假日來客數約為平日之兩倍 |
| 平均每月營業額 | 1520,000元 | |
| 平均每月營業成本 | 300,000元 | |
| 平均每月淨利 | 1220,000元 | 扣除廠房租金 |

★以上營業數據由店家提供，經專家約略估算後整理而成。

# 如何跨出 成功 第一步

　　陳老闆將薄利多銷的經營法則一直奉爲圭臬；因爲東西除了好吃、品質兼顧外，價格便宜也是吸引顧客的一大主因。回顧這一路走來，陳老闆說：自己走了很多冤枉路，大都因爲自己好高騖遠不切實際引起，經過努力修正才有今日成就。陳老闆以自己的奮鬥過程建議後輩新進：飲食業界利潤雖高，但是一定要有吃苦耐勞的準備。而且經濟不景氣時，只有多從消費者心態著手，做出好吃又便宜的小吃，才能引起共鳴。

# 滷雞爪 做法大公開

# 作法大公開

由合作已久的的冷凍廠買進的生雞爪，不僅品質有保障，也可以以量制價。

　　從冷凍廠固定大量進貨新鮮的雞爪，清洗乾淨後備用，固定從來源藥材商大量買進大茴、丁香、陳皮、小茴、肉桂、白芷、山奈、甘松、甘草、花椒等香料，依需求比例製成滷包；另外糖、辣椒、蒜頭、鹽、醬油、味精等，調味料不可少，大火滾開後小火續滷約5-6小時，冷卻後分裝零下11度冷凍。

## ★材料：300盒（3000支）

| 項　目 | 所　需　份　量 | 價　格 | 備　註 |
|---|---|---|---|
| 生雞爪 | 3000支 | 一隻約0.3～0.5元 | 傳統市場可購得 |
| 大蒜 | 約三大顆 | 40～60元/台斤 | 同上 |
| 生紅辣椒 | 3～5條 | 10～20元/台斤 | 同上 |
| 白砂糖 | 酌量 | 20元/台斤 | 超市有售 |
| 醬油 | 酌量 | 30～35元/罐 | 同上 |

## ★製作方式

### 1 前製處理

1. 辣椒、蒜頭洗淨，辣椒切段，白砂糖、味精、鹽等調味料，先按比例調勻備用，再依下列順序放入滷鍋內。
2. 雞腳可以到市場買，通常都是已經處理好的，回到家後直接洗淨備用即可。

## ② 製作步驟

1 將鍋具洗淨,避免有其他味道的東西擾亂滷汁味道。

2 倒入醬油。

3 放下由大茴、丁香、陳皮、小茴、肉桂、白芷、山奈、甘松、甘草、花椒等香料,依需求比例製成滷包。

4 將糖、鹽、味精等調味料,先攪拌好一同倒入。

東海蓮心冰、雞爪凍

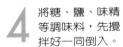

69

5 接著放入撥好的
蒜頭。

6 再放入切好的辣
椒。

7 最後倒入生雞
爪，約八、九分
滿。

8 蓋桶後滷約6小時，開大火，
水開後轉小火慢滷。

**9** 等到完全入味之後，撈起放涼，放入冷凍庫冷凍。約4、5小時即可食用。

## 在家DIY小技巧

在傳統市場雞肉攤上，可以買到價廉新鮮的雞爪，每支約一元（依大小而定），清洗乾淨後備用，可以到超市買現成滷包或至中藥行請老闆現抓滷料包，再加入辣椒、蒜頭、糖、醬油等，大火滾開後小火續滷約5～6小時。

## 獨家秘方

滷料包的材料內容，已經不是秘密，但是如何將濃厚藥材味轉為香味透入骨髓，其用心的烹調過程與高成本的冷凍設備則是「秘方」的重要關鍵。滷過的雞腳放入冷凍庫冷凍之後，藥材味道會更淡、湯汁凍起後皮肉緊縮、口感更Q更好吃。

## 美味見證

雖不是住在附近，因為是東海畢業校友，早已是這裡的老主顧，只要路過或朋友來訪，總會來此外帶幾盒雞爪凍，或坐下來吃一碗蓮心冰。

陳小姐　28歲　藝術工作者

# 潭子臭豆腐

- 香聞蓋天下
- 好呷通人知
- 豆腐便宜吃
- 只怕您不來

# D A T A

老闆：龐喬三（現已傳第二代龐顧昌）

店齡：31年

創業基金：約5、6千塊（31年前）

人氣商品：臭豆腐（30元/份）、酸梅湯（25元/杯）

每月營業額：約122萬

每月淨利：約87萬

營業時間：每天5:00下午～凌晨3:00

店址：台中中華路夜市（中華路與民族路口）

電話：04-2220-4019

潭子臭豆腐

民族路　中　民族路
民族路　華
路　一
潭子臭豆腐
段
民權路　民權路
民權路

|  |  |
|---|---|
| 美味評比 | ★★★★☆ |
| 人氣評比 | ★★★★★ |
| 服務評比 | ★★★★★ |
| 便宜評比 | ★★★★☆ |
| 食材評比 | ★★★★☆ |
| 地點評比 | ★★★★★ |
| 名氣評比 | ★★★★☆ |
| 衛生評比 | ★★★☆☆ |

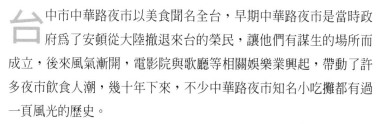

台中市中華路夜市以美食聞名全台，早期中華路夜市是當時政府為了安頓從大陸撤退來台的榮民，讓他們有謀生的場所而成立，後來風氣漸開，電影院與歌廳等相關娛樂業興起，帶動了許多夜市飲食人潮，幾十年下來，不少中華路夜市知名小吃攤都有過一頁風光的歷史。

雖然現在的中華路夜市人潮不再，在逐漸沒落的同時，老口碑的美食攤卻從未因此淡去，只是肩負的歷史任務已經轉化為觀光景點的角色；而「潭子臭豆腐」就是其一。

在台中只要提到好吃的臭豆腐就一定不會錯過潭子臭豆腐，有人說它的臭豆腐聞起來真的很臭，但是那股臭味不同於平常所聞到

屹立在中華夜市31年的潭子臭豆腐，早已成為台中市觀光的定點之一。

的臭豆腐味道；也有人說它一點都不臭，而且聞起來非常香，只要吃過一次就絕對念念不忘，潭子臭豆腐就是以這樣特有的「香味」走紅台中。目前已經交由第二代接手，鮮少露臉的潭子臭豆腐廖老老闆笑著說：「曾經有老顧客告訴他，這裡的臭豆腐，好像摻了『嗎啡』，讓人吃了還想再吃，像是上癮一般，只要路過此地，不停下來吃一盤都很難對自己交代。」

那金黃香酥的外皮，用筷子在豆腐上搓個洞，置入少許自製辣椒醬，讓豆腐更入味，一口咬開酥脆外皮，滑溜細嫩的豆腐一入口，混著特製醬料的香味，原本臭豆腐的臭味立刻化為熱騰騰的香氣，令人食指大動，再配上一口酸脆宜人的泡菜，才剛被撩起的食慾在此時蠢蠢欲動！

## 心路歷程

價錢從一盤五元開始到現在一盤卅元，在中華路夜市看過卅一

> 這31年我把自己當成顧客，不斷調整烹調劑法，一心只想做出連自己都愛吃的臭豆腐。。

載風華「潭子臭豆腐」的開店元老廖老老闆已經退休，目前交由兒子及女兒、女婿共同經營，現在廖老老闆只是偶爾應老顧客的點召下，前來一展身手，像是前台灣省省議員楊文欣因為已經習慣廖老老闆的純熟技法，每次都指名要吃他炸的臭豆腐。雖然現在臭豆腐的口味承襲以往，未曾改變，但在老顧客的心中，廖老老闆早已是歷史的一部份。

第一代經營人廖繁三。

廖老老闆原本從事木材生意，後來轉為製作梅子粗製品，外銷日本；當時只見眼前一片光明遠景，便毫不考慮投下龐大資金；豈料「中美斷交」一發生，外銷市場嚴重受創，他幾乎全軍覆沒，而且無力東山再起；失業與失意之餘就在岳父的臭豆腐攤上幫忙，他為了一家大小的生計，憑著再苦也要自立的信念，從潭子跑到台中的中華路夜市設攤，開始賣起臭豆腐，這一賣下來，竟然就卅一年之久，還成為台中臭豆腐的第一把交椅。

卅一年前，廖老老闆沒有一絲經費，連基本的攤車都是向人借來的，而且當時夫妻倆人連火侯的掌控都出問題；漫漫長夜，十多小時工作下來，常常連400個臭豆腐（約80盤）都賣不出去，一天營業額不到400元（當時一盤五元），還得帶著孩子在寒風中工作，真是苦不堪言。幸好廖老老闆天生個性就是不服輸，所以這樣的苦

日子在一年後就逐漸有了改善。第二年起，有了經驗的累積之後，技法比較純熟，自然有熟面孔陸續回流到攤子上，在生意平穩下，夫妻倆開始嘗試油炸技法的提昇，針對油炸時間、方法與油品都一一實驗；一心只想做出連自己都愛吃的臭豆腐。

## 經營狀況

**命名**　一個潭子人，賣著臭豆腐，所以就取名為「潭子臭豆腐」，如此而已。

廖老老闆說，他是台中縣潭子鄉人，所以一個潭子人，賣著臭豆腐，就取名為「潭子臭豆腐」。廖老老闆從岳父習得炸臭豆腐的技法後就直接到台中市賣臭豆腐，他這卅一年從來不曾吃過別人的臭豆腐，也不想比較別人的口味來評論好壞，所以多年來，廖老老闆一直把自己當成顧客，炸出來的豆腐就自己試吃，然後再不斷調整烹調技法；而今，他壓根兒也從沒想過自己會賣臭豆腐賣到如此出名。

這一盤好吃的臭豆腐，是研究了卅一年所換得。

**地　點**　到知名夜市賣臭豆腐，真是再好也不過；只要用心做好吃的東西，不怕沒生意。

　　台中市知名的中華路夜市，位於民族路與中華路口、日新戲院斜對面，這個地點是當年從他人讓渡而取來的使用權利，憑藉著地點好與人潮多的優勢，而有機會打下這樣深厚的基礎。

　　廖老老闆說，隨著都市發展，人口逐漸向外移，舊市區沒落，巷道狹窄停車不便，再加上經濟不景氣，來看電影的人潮稀稀落落，附近相關娛樂產業目前僅剩少數幾家遊藝場、柏青哥彈珠檯等，還好他賣的臭豆腐，既便宜又有口碑，靠著這些老顧客及假日的外來客持續捧場下，雖然目前營業額已經減少到五成左右，但是還是很有生存空間。

**租　金**　當時接受讓渡才擁有這個約八坪大小的露天營業場所，三個月為一期，稅金為2001元，水電則自付。

　　潭子臭豆腐是標準的夜市路邊攤，只要一刮風下雨就要自己搭棚子，而攤位大小依使用登記位置擺放，非營業時間攤位就得移開，恢復道路正常使用，等到營業時間才推出攤子、擺上桌椅，開始當天的工作。當時因為接受讓渡才擁有這個約八坪大小的露天營業場所使用權，每三個月為一期，共繳交稅金2001元（國稅局抽稅最低標準），水電要另外自付。

**硬體**　除攤車、油鍋及桌椅外，無須其他使用設備。

　　由於臭豆腐的食材，在特性上並無繁複之處，所用到的基本硬體設備只有攤車與油炸鍋二只，以及供給客人使用的桌椅，除此無須其他設備。因為臭豆腐不能冰，冰了會變硬；而泡菜講

特別用兩只油鍋，才能炸出好吃的臭豆腐。

究新鮮口感，需要醃漬，且用量大，所以這些都是在家裡先做好，不是很需要冰箱。

　　由於路邊攤不需要店面設備的花費，當年的攤車也是借來的，後來才花了數千元自己添購基本設備。現在第二代除了賣臭豆腐外，還兼賣自製酸梅湯、青草茶、桑椹汁及生啤酒，因此多添購兩台手推冷飲攤車。這些設備如以現值計算，約合計花費六、七萬元左右。

**食材**　向固定臭豆腐供應廠商批貨，泡菜與辣椒醬都是自製。

　　目前市面上所使用的臭豆腐都是出自工廠大批製作而來，價格

以每小塊計算，每塊約2~3元左右，廖老老闆所採用的臭豆腐是由十幾種漢方藥材醃製而成，且由固定工廠提供。而泡菜所使用的高麗菜，因為一年當中市場價格波動大，在量產時好吃又便宜，半買半相送的情況都有，但是如果天災過後，有時一盤臭豆腐中的泡菜成本價格，都會比臭豆腐高出許多，老老闆為了顧及招牌信譽，從不曾為此減量或降低泡菜品質。

廖老老闆說，泡菜所使用的高麗菜不同於一般炒菜時所食用的高麗菜，泡菜所使用的高麗菜要挑大顆、葉子薄的、菜身要完整漂亮，而且要比較黃而熟的，同時最好是幼種，吃起來才不會太老太硬（先將嫩的高麗菜採收下來，放到黃而熟）。醃製泡菜時並依氣候變化，天氣熱時醃的時間短，天氣冷則要拉長時間，一般來說，天氣熱時醃的泡菜會比較入味好吃。

卅元一盤的臭豆腐，食材的平均成本約為十元左右，人工成本要再另外計算。一般市售辣椒醬為了保存起見，鹽分多半偏高，不易入口，聰明用心的廖老老闆把它與研磨米漿一同烹煮調味，再選用品質最好的醬油、牛頭牌沙茶醬與高雄岡山豆瓣醬等其他，而成為目前很受顧客歡迎的特調辣椒醬。

由十幾種漢方醃製而成的新鮮豆腐。

**成本控制**　臭豆腐成本低，相對利薄。同一時間與地點，只要能夠增加客人的進出流量，就是降低整體成本。

　　臭豆腐，食材單一，看似簡單，相對也利薄，若要能賺錢，首要就是「量大」；量大的前提是要有銷量，而好吃才會有銷量；所以唯有經營者認眞用心做，才能做出自己的口碑。因爲不管客人多少，所有固定成本都一樣要支出，加上臭豆腐的料理過程簡單，所以人力成本可以盡量節省，再以提昇供應量來拉高營業額，才能夠眞正大錢。因此，同一時間與地點，只要能夠增加客人的進出流量，就是降低整體成本。

臭豆腐的食材單一，唯有大量銷售，才能提高淨利。

**口味特色** 香酥外皮與滑嫩內層,加上熱騰騰的湯汁,賣相十足,口感滿分。

　　為了留住臭豆腐的原味湯汁及提高油炸的速度,來自潭子的廖家二代卅一年來,專研出獨特的油炸方法,那就是採用適合高溫油炸、安定不易酸敗、不易氧化的進口植物性棕櫚油。而且廖老堅持不用回鍋油,在油炸時分兩個油鍋來炸;因為生豆腐會降低油鍋的溫度,所以第一鍋控制火侯炸到七八分熟備用,再投入高溫的第二鍋中續炸;一來可以兼顧品質,讓臭豆腐的口感酥脆適中、外酥內軟;二來可以快速供應,節省客人等待時間,所以客人一到,臭豆腐就能馬上上桌。

　　潭子的臭豆腐好吃的原因,除了本身豆腐好吃、醬料特別、泡菜酸脆宜人,廖老老闆也說,因為生意好,臭豆腐一個接著一個炸,所以熱鍋裡的熱度一致,炸出來的臭豆腐當然也就品質穩定而好吃,所以「生意好東西才會好吃」也是造就潭子臭豆腐人潮量如此大的重要因素。

　　一入口酥酥軟軟、香香辣辣的潭子臭豆腐,不僅賣相好、口感佳,讓人吃了還想再吃,如此大賣,讓人不感訝異。急著想一口咬下的同時,要切記它十分燙口!另外再搭配一杯幫助消化、消熱退飽脹,細火慢煉四小時以上的酸梅湯或青草茶,以及自種自製的桑椹汁或者特調保力達加米酒,都是不錯的選擇。

**客層調查** 早期累積的老主顧為大宗，逛夜市、看電影、觀光客次之。

　　一個傳統小吃觀光夜市，客源通常都以夜市人潮為主。一般來說，夜市是下午五點才開始營業，第一批客層以上班族下班路過者居多；八點過後，電影開演前（夜市旁有附設電影院）的人潮及專程來夜市找美食的人口會陸續湧現；九、十點以後，吃宵夜的、電影散場的人潮又是另一波；而凌晨過後附近遊藝場所的客人，也會出來吃點心，例假日時還有外來觀光客，所以人潮是一波接著一波來，尤其愈晚人愈多，這些都是夜市的優勢。

　　這些客層中，除了觀光客外，大部分都以主顧客居多，所以眼尖的老闆一看到客人來，只要客人使個眼色，就會馬上為客人搭配酸梅湯、生啤酒或保力達摻大杯或小杯的米酒，而這種交情，恐怕不是三兩天就能夠得來。

 **未來計畫** 現在孩子已經接手，能持續經營就是最好的。

　　雖然第一代的廖老老闆已經退休，也非台中在地人，但卅一年的在地經營，很多老主顧還是希望能吃到他炸的臭豆腐，再一起喝幾杯，聊聊往事。關於未來計畫，廖老老闆希望自己的接班人，能夠秉持他的待客之道，維繫平實的經營方式，所以目前並無加盟或擴大營業的打算。

度小月系列 10

中部

搶錢篇

# 創業數據一覽表

潭子臭豆腐

| 項　　目 | 說　　明 | 備　　註 |
|---|---|---|
| 創業年數 | 31年 | |
| 創業基金 | 10,000元 | |
| 坪數 | 8坪 | |
| 租金 | 2,001元/季<br>（國稅局抽稅最低標準） | 此為夜市稅金，中華夜市每個月並另收50元之管理費與清潔費。 |
| 座位數 | 40位 | |
| 人手數目 | 4～5人 | 全部都是自己家人，中午以後開始準備食材，人手自由調配。 |
| 每日營業時數 | 10小時 | |
| 每月營業天數 | 26～27天 | |
| 公休日 | 不一定 | |
| 平均每日來客數 | 600～800人 | 平均50元/人 |
| 平均每日營業額 | 35,000元 | |
| 平均每日營業成本 | 12,000元 | 含人力薪資、水電 |
| 平均每日淨利 | 23,000元 | |
| 平均每月來客數 | 24,500人 | 假日來客數約為平日之兩倍 |
| 平均每月營業額 | 1,225,000元 | |
| 平均每月營業成本 | 350,000元 | |
| 平均每月淨利 | 875,000元 | |

★以上營業數據由店家提供，經專家約略估算後整理而成。

# 如何跨出成功第一步

　　廖老老闆說：「現在攤販到處都是，不論是選擇加盟別人的廠牌，或自己自創，決勝關鍵都在於自己是否能定下心來專心、用心的做。」想加盟就要多比較加盟的優劣；想要自創則要多觀察市場。

　　選擇簡單單一的食材，不會讓自己在創業之初就忙得團團轉，但是要考慮是否能夠賺到錢；而選定的商品，最好自己會做，就算不會也要努力學會，再從中找出興趣，這樣才不會覺得枯燥乏味，而且才有不斷改進的熱誠與企圖心。廖老老闆語重心長的說：「成功真的操之在創業者本身。」

一盤臭豆腐，加上一杯清涼退火的酸梅湯，讓潭子臭豆腐著著實實的賺到大錢。

# 臭豆腐 做法大公開

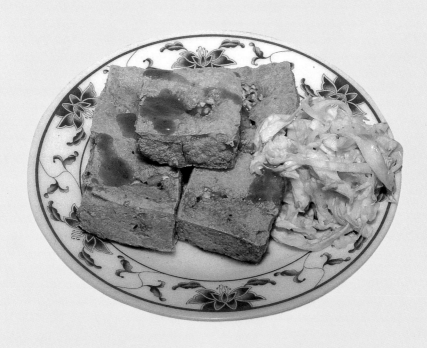

# 作法大公開

## 炸臭豆腐

　　炸臭豆腐時要準備兩只油鍋，一只炸生的豆腐，控制到八分熟的狀態，可讓豆腐油炸的色澤鮮美；第二鍋熱好備用，將第一鍋炸好的豆腐放入約3秒鐘即可起鍋。泡菜、醮醬可以買現成；若想要自己做好吃的泡菜也可以。

### ★材料（4人份）

| 項 目 | 所需份量 | 價 格 | 備 註 |
|---|---|---|---|
| 臭豆腐 | 20小塊 | 20元左右 | 可至臭豆腐特製商店購得 |
| 泡菜半斤 | 20元左右 | 也可以自己做 | |
| 甜辣醬 | 4瓢 | 1瓶25～30元 | 一般超商可購得 |

## 泡菜

### ★材料（6人份）

| 項 目 | 所需份量 | 價 格 | 備 註 |
|---|---|---|---|
| 高麗菜 | 一顆 | 25～30元 | 視季節而定，夏天較便宜，冬天較貴。 |
| 紅蘿蔔 | 一條 | 10～15元 | 視季節而定，夏天較貴，冬天較便宜。 |

| 辣椒 | 適量 | 40～50元/台斤 | 視季節而定。 |
|---|---|---|---|
| 白醋 | 1/2杯～1 杯 | 20元/罐 | 一般超市即有售。 |
| 果糖或冰糖 | 2～4大匙 | 50～60元/瓶 | 一般超市即有售。 |

1. 將高麗菜洗淨後不要切，瀝乾乾水份後加入適量的鹽，浸泡大約10~15分鐘。
2. 將紅蘿蔔、辣椒洗淨後切絲備用。
3. 徒手將高麗菜搓揉，待高麗菜軟化後倒掉鹽水。
4. 加入紅蘿蔔、辣椒、果糖（冰糖需煮成糖水後使用）、白醋拌勻即可。

## ★製作方式

### 1 前製處理

　　臭豆腐備好，油鍋熱油，備用。

1 將臭豆腐，放入第一只油鍋中油炸，轉中火，不時翻滾調整色澤及均勻熟透（約八分熟），撈起。

2 等到要吃的時候，放入第二油鍋續炸。

3 約數秒鐘轉金黃色，豆腐皮略微
鼓起時，起鍋。

4 將剛炸好的臭豆腐
醮上辣椒醬。

5 將準備好的泡菜，
擺放在盤中。

6 用筷子將香噴噴的臭豆腐上
戳洞，置入特製醬汁，美味
滿盈的臭豆腐便告完成。

## 獨家祕方

臭豆腐要好吃,全賴炸豆腐的技法,只要用油新鮮,注意分兩鍋油炸是掌控好吃與否的重要關鍵,除此無其他秘方。

### 在家DIY小技巧

新鮮的臭豆腐(臭豆腐盡量不要冰過,否則會不好吃)、乾淨的油與適當的火侯,才能炸出軟硬適中,又香又酥的臭豆腐。

### 美味見證

蔡金樹　21歲　廚師

這裡的臭豆腐真的很美味,偶爾下班時,和朋友到這邊吃個幾盤,喝喝啤酒,也是人生一大享受。

# 葉家古早麵

南投意麵軟Q薄
肉燥飄香味甘甜
葉家兄妹齊心做
傳承古早好味道

# D A T A

葉家古早麵

老闆：葉歐魁
店齡：20年
創業基金：約1萬
人氣商品：南投意麵（25元/碗）、（九層
莖）肉湯（25元/碗）
每月營業額：約65萬
每月淨利：約50萬
營業時間：每天6:00～下午14:00
店址：南投縣南投市集賢路23號
電話：（049）224-0943

| | |
|---|---|
| 美味評比 | ★★★★★ |
| 人氣評比 | ★★★★☆ |
| 服務評比 | ★★★★☆ |
| 便宜評比 | ★★★★★ |
| 食材評比 | ★★★★☆ |
| 地點評比 | ★★★☆☆ |
| 名氣評比 | ★★★★☆ |
| 衛生評比 | ★★★★★ |

彰
南
路
一
段

葉家古早麵 ●

集　賢　路

建
國
路

南
崗
二
路

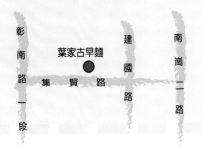

　　南投意麵經由福州人引進台灣，本來稱為「幼麵」，是細小精緻的意思，那又軟又Q又薄的獨特口感，早已成為整個南投地區麵攤的主食，其中又以「葉家古早麵」最具代表性。葉家古早麵目前已由第二代接手，並由葉家三個兄弟姊妹各別經營，在南投市區內開了三家意麵小吃攤，他們自父母親手中，傳承古早意麵的煮法，把意麵的傳統特色發揮到淋漓盡致。

　　而談到南投意麵，又以百年老店「源振發」所生產的意麵最具代表性，它早已是名符其實的「南投意麵」，二十幾年來葉家古早麵始終都採用百年老店「源振發」所提供的新鮮意麵，烹煮出一碗

碗令人食指大動的好吃意麵。深具歷史意義的「源振發」意麵工廠，不僅遠近馳名，亦堪稱為南投地方重要特產之一。

百年老店「源振發意麵」。

## 心路歷程

　　早期務農的葉家，因為葉媽媽在市場幫麵攤煮麵，一幫就幫了10多年，後來原店主年事已高，無人繼承，葉家人又因經常在此幫忙，於是就把這個攤位頂過來自己經營。從這一刻起，這一攤古早意麵對葉老闆一家人開始具有迥然不同的意義，因為它開啟了「南投葉家古早麵」的先聲。

　　承襲著傳統古早味的葉家意麵，在一家人同心協力下，深受南投地方的歡迎，因此兄弟姊妹三人成家後，就分別在青果批發市場、仁壽公園及集賢路的美食街陸續開業；掐指一算，南投意麵的古早

二十年歷史的葉家古早麵，僅以招牌示意，人潮卻未曾中斷。

我是葉家古早麵第二代老闆娘，平時店裡大小事都我都盡量幫忙張羅，希望把好味道繼續傳承下去。

味在葉家人手上已有二、三十年的歷史。

這一家人除了意麵直接向源振發批發，其餘配菜與沾醬都是自己研發出來的獨特吃法，因此想要吃到這些東西，只有到葉家三家店才有！不管是意麵配的水蘿菜肉湯、醮意麵的肉燥、肉片，以及與油豆腐最速配的辣椒沾醬，可都是葉家二老精心獨創的口味，葉家古早麵能夠如此擄獲南投人的胃長達二十年，幕後功臣當然要屬葉家二老。

## 經營狀況

 **命名**　專心做生意，沒想過招牌的重要性，葉家人說：因為在南投賣意麵都是這樣。

葉家古早麵在南投市已經有近二十年歷史，也開了三家小吃意麵店，但是只有一家掛上葉家招牌，這是因為意麵在南投當地實在太過普遍，民風保守的在地南投人為免樹大招風之嫌，所以不管是意麵小吃店或麵攤，多數沒有自設招牌，頂多只是掛上「意麵」招牌二字來示意，作為簡單的辨識之用，樸實的葉家人也是如此，一心只想著如何把生意做好，所以一直沒有想過店家命名與招牌的重要性。

葉
家
古
早
麵

 **地點** 店面選擇在果菜市場、熱鬧的圓環邊與美食街,人潮為主要考量。

　　因為販賣對象設定為早餐及午餐的外食人口,葉家古早麵把總店設在規劃中的南投市美食街;其他兩家分店則於果菜批發市場與仁壽公園車水馬龍的圓環邊,這些地點都是葉家人精心挑選的「好所在」。首先,葉家人以早市的生意人口為主,針對當地飲食習慣,店面設於緊臨商圈來滿足不同客層的需要;這些客層包括早起的市場工作人員、買蔬果的人口、上班族、學生與在地人。對他們來說,這裡東西不僅好吃,而且花費不高,又能吃飽,實在是俗擱大碗。

南投名產水蕹菜 ,加上獨家肉片的蕹菜肉湯,人氣頗高。

 **租金** 集賢路的店面是自有的,因為它規劃為美食街,所以租金並不便宜。

　　連同店面及住家,當初是以上千萬元買下來的,一樓店面營業場所大約三十多坪,以目前行情來說,整棟三層樓月租金約三萬元左右。

硬體　房子是自己買的，硬體設備包括煮麵用餐檯、桌椅、冰箱，如此而已。

世代經營的小吃店目前已經拓展成三家直營店。葉家人買下集賢路美食街的三樓透天厝作爲工作總部，三家店所有自製食材用量都在這裏製作。硬體設備包括瓦斯、鍋具、冰箱（一台）等簡單的廚房設備以及煮麵餐檯的基本營業設備，餐桌椅約30個座位。除了房子本身，硬體設備花費約10萬元左右。

食材　意麵固定向「源振發」批貨，其餘料理與配料大都是自己做、自己賣。

一般小吃店都是以現成的材料直接烹調而成，但是葉家這一群人，就是喜歡將自己愛吃的東西，做出來給客人吃；意麵添加的肉燥與配麵的肉湯，都是採用上選上肉加上旗魚漿精製而成的特殊口味；滑潤可口的肉片配上南投民間鄉用山泉水──水耕、莖管粗大的特產蔬菜「水蘿蒔」，其水分含量高且易熟，口感比一般土種的蘿蒔要更清脆甜美，而且不易變色，適合下湯煮，加入肉湯後，湯

意麵與普通的麵條不一樣，只要控制好烹煮的時間，意麵就會變的軟中帶Q，Q中帶勁。

頭更顯清淡爽口，而且價格便宜，平均每把在10～15元之間。

　　另外，自製豬油所需的肥豬肉、自製肉燥用的絞肉，以及自製辣椒沾醬的新鮮小辣椒，都是其主要食材。

食材取得量大，可節省開銷；自製品統一製作可節省人工，且口味兼顧。

　　葉家三家店財務雖獨立，但因為所有食材都是一起準備的，所以具有大量購買、價格便宜的優點，這是控制成本開銷的第一步。而且三家店面所用到的自製食材，都是父母親統一製作供應，品質一定，同時又省下人事成本。

　　除此之外，老闆也儘量利用店面成本，賣起副業剉冰及豆花，以此攤提硬體設備成本。

南投意麵薄、幼、Q、香、富彈性；肉燥甜而不燥。

　　葉太太說，太厚的意麵口感會不Q，但麵身太薄一下水，吃起來又太爛，源振發的意麵則厚薄適中，吃起來非常的Q，只要吃過一次就一定想要再吃，那柔而不韌、軟而不糊、香而不嗆的古早意麵，是葉家古早麵的一大特色。目前源振發意麵的銷售網絡以南投

本地為大宗，在彰化、台中以及南部的屏東高雄地區銷量也不少。

而「水蘿茉肉湯」則是一道自創的道地南投名產食材，光是湯頭就是以旗魚漿與上選上肉精心熬煮，裡頭的肉粳是上選肉片，以鹽、糖調味拌勻後下水（下水前要沾點太白粉，肉片才會更滑嫩、甜美且不塞牙），水開後灑把清脆爽口的水蘿茉，湯汁嚐起來更加清淡香甜；配上意麵的濃厚肉燥香，真是濃淡適中，美味宜人。意麵加水蘿茉肉湯就是葉家古早麵攤最超人氣的組合。

談到自製肉燥，葉老闆自己所製作的豬油是讓肉燥好吃的重要秘訣，經過獨特製法的豬油，比一般豬油香很多，再由大鍋爐來處理，做出來的肉燥當然更香甜，這些都是葉家古早麵好吃的重要原因。

**客層調查** 開業歷史近二十年，幾經搬遷後，拓展成三家店，鄰近鄉親為主要客層。

好吃的南投意麵搭配自製的肉燥，成就了這一碗遠近馳名的葉家古早麵。

三家店身處三處不同地點，滿足三種以上不同客層的需求，相同的是，每家店每天營業時間都以早餐與午餐為主：一大早大概六、七點，店裡就會湧進大批學生及家長，學生就是其主要客群。青果批發市場店的開店時間最早，客源以在市場中交易的

大小攤販為主，其他兩店約八點多，客層以上班族居多。因此，人潮一波接一波，不曾間斷。接近中午時，午餐時段的人潮尖峰又被開啓，店家要忙到午後一點多鐘，才可以準備收攤。

族群不同，所購食的類別也有很大的差異，就像學生很喜歡買十塊錢的巧克力吐司，這對老闆來說就比較辛苦，因為光是烤吐司就要花一番時間，還要塗上巧克力醬，這十塊錢似乎有點難賺，不過，一見到學子們滿足的表情，老闆還是覺得很開心；而菜籃族買的東西就比較多元，沒有固定特別愛買什麼產品；每天早上趕時間的上班族則以方便迅速的產品為主；已經做好的三明治，再搭配一杯奶茶或咖啡，是他們偏愛的選擇。

未來計畫

兄弟姊妹三家店，立下了傳統意麵經營的最佳典範；永續經營，是他們的最終目的。

三兄弟姊妹均已成家立業，各有一家店經營，在父母親居中協助下，他們分而不離，並且彼此相輔相成。三兄弟姊妹的店面各居一處，但因為材料來源相同，所以大家還是每天見面，相互交流意見，一同分享成長。回想這些經營歷程的點滴，葉老闆說，父母親立下的基石，他們會更努力的守住，讓葉家經營的模式，成為一種典範，給予創業者一些良好的示範。在同心協力下，永續經營，不讓父母的辛苦白費。

# 創業數據一覽表

葉家古早麵

| 項　　目 | 說　　明 | 備　　註 |
|---|---|---|
| 創業年數 | 20年 | |
| 創業基金 | 10,000元 | |
| 坪數 | 30坪 | 為店面形式 |
| 租金 | 無 | 自購含住家 |
| 座位數 | 30位 | |
| 人手數目 | 2至3人 | 葉老闆負責準備食材,葉太太負責烹煮下麵,另聘一人店面打雜。 |
| 每日營業時數 | 9小時 | |
| 每月營業天數 | 約28天 | |
| 公休日 | 不一定 | |
| 平均每日來客數 | 約300人 | 平均60元/人 |
| 平均每日營業額 | 18,000元 | 麵+湯組合 |
| 平均每日營業成本 | 5,000元 | 含人事成本與水電瓦斯 |
| 平均每日淨利 | 13,000元 | |
| 平均每月來客數 | 10,800人 | 假日來客數約為平日之兩倍 |
| 平均每月營業額 | 648,000元 | |
| 平均每月營業成本 | 150,000元 | |
| 平均每月淨利 | 498,000元 | |

★以上營業數據由店家提供,經專家約略估算後整理而成。

# 如何跨出成功第一步

　　葉老闆一家人都深深知道做飲食業的辛苦。從小葉老闆就跟在父母身邊幫忙，早已習慣早起與久站，平時店裡生意好，因應客人的用餐需求，店面並不常休息，逢年過節或有事才掛出公休的牌子。雖然這三家店營業情況都已非常穩定，但仍舊秉持服務的精神，以只要客人一肚子餓，永遠都有好吃的東西可以吃為要務，兢兢業業地營業！

　　勤勞再勤勞，因而擁有無可取代的地位；「意麵」在南投，比比皆是，雖是傳統，但也要有自己的獨特性，才能歷久不衰；葉老闆堅持傳統著口味，光是湯的選材就非常創新，自製辣椒醬更是獨一無二的自創產品。

　　葉老闆說，要把吃苦耐勞當成第一要件，之後再慢慢起家，再創未來。第二，要能保有傳統，再從中不斷創新。若有幸能和兄弟姊妹一同創業，也算是幸福一件。

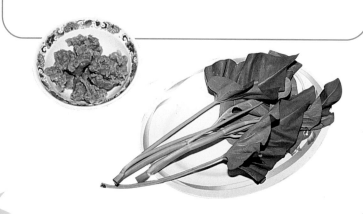

# 意麵 做法大公開

# 作法大公開

　　看似簡單的意麵烹調過程，分寸的掌握及拿捏卻要極為用心，因為意麵比一般麵條薄太多了，所以水開後的下麵時間一定要短，只要20至30秒就必須撈起來，這樣才能完全發揮意麵的獨特筋性，否則麵一糊掉，便吃不到意麵的香Q勁道，實在可惜！

## ★材料（5人份）

| 項　目 | 所需份量 | 價　格 | 備　註 |
|--------|----------|--------|--------|
| 意麵5團 | 約一斤 | 20元/台斤 | 傳統市場可購得 |
| 肉燥 | 一碗 | 豬肉70～80/台斤 | 加上其他調味料，如油蔥、醬油與豬油等，一鍋約要120元。 |
| 現成或自製 水蘿菜 | 一把10～15元 | | 中部區域為生產區 |

## ★製作方式

**1** 前製處理

　　先將水蘿菜洗淨（改成其他青菜也可以），意麵條一團一團拿出備用，若是經過冰凍，需先退冰解凍，再把準備好的現成肉燥加熱備用。

在家製作肉燥的簡易方法：
材料：
● 帶皮五花肉或絞肉 約600g
● 醬油 120 c.c.　　　　　　● 紅蔥酥 半杯
● 冰糖 1大匙　　　　　　　● 水 1000 c.c.。
做法：
1. 五花肉切丁（現成絞肉），用乾鍋翻炒肉丁至變白且出水。
2. 瀝掉炒鍋的水，將肉丁放入小湯鍋裡，加入醬油、紅蔥酥、
　　冰糖、水一起煮開，轉成小火繼續燉煮 2~3小時。
3. 燉煮中途須不時攪拌查看，如果湯汁變乾再酌量加水，直到
　　湯汁入味即可。

葉家古早麵

## ② 製作步驟

1　水滾開後，將意
　　麵團均勻撩散放
　　入煮麵杓。

2　由於意麵又薄又
　　軟，上下搖動煮
　　麵杓 約30秒，
　　即可撈起。

**3** 淋上特製肉燥，
又香又Q的意麵
上桌了。

**4** 剛煮好的意麵加
上水蕹菜肉湯，
讓人胃口大開。

## 在家DIY小技巧

　　葉老闆說，想要在家裡自製辣椒醬，也可以準備若干新鮮小辣
椒與等量的辣油（小辣椒與辣油比例為1：1），小辣椒洗淨切好與
辣油充分攪拌之後煮滾，這樣辣椒醬才不容易壞掉，再用果汁機將
其打碎，然後再用少許太白粉加以勾芡就可以了。這種不添加任何
香料，單純呈現原味的辣椒醬，和意麵的口味非常相稱，而為顧及
新鮮健康，最好在2至3日內食用完畢。

## 獨家祕方

煮意麵時水量愈多愈好，水太少肯定煮不好，水量與麵條量的比率最少要有4：1，才不會破壞意麵的原始風味。麵條下鍋時也要開大火，以維持鍋內開水為開滾狀態，每次一碗一碗的煮最理想。麵煮20至30秒要立刻撈起，並且要趁熱料理。

意麵若是結冰狀態可快速化凍，再順便沖洗，但不鼓勵結冰時沖洗，除非急用。意麵要下鍋時，可用水龍頭的水左右沖洗附著於意麵表面的粉，再下鍋煮麵，是最佳煮法。

如果是小吃業者，可以在旁邊置一桶清水以方便清洗，善用此法可以延長煮麵鍋裡的熱水以保持清澈，才能煮出麵條的Q勁，煮麵鍋裡的熱水愈清澈，愈能煮出有Q勁的麵條。

葉家古早麵

## 美味見證

在這裡吃麵就像在家裡用餐一般，年輕的老闆夫婦，為非常人親切，所以陳小姐十多年來都很習慣吃這個口味的意麵，有時候吃飯、配湯及油豆腐，搲店裡的辣椒醬來拌飯或拌麵，都很好吃。

陳純菊小姐 28歲 美術老師

# 一中街波特屋

- 美式口味 金黃誘人
- 綿密鬆軟 入口即化
- 起司爽口 濃郁四溢
- 便宜價位 高級享受

一中街波特屋

## DATA

老闆：顏國文、陳俊瑜
店齡：二年
創業基金：約10萬
人氣商品：青花菜起司烤洋芋（40元／份）
每月營業額：約91萬
每月淨利：約62萬
營業時間：每天中午12：00～晚上22：30
店址：台中市一中街83-3號
電話：0933-178-270

美味評比 ★★★★★
人氣評比 ★★★★★
服務評比 ★★★★★
便宜評比 ★★★★
食材評比 ★★★★★
地點評比 ★★★★★
名氣評比 ★★★★★
衛生評比 ★★★★★

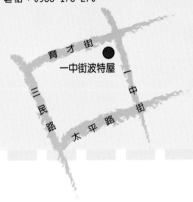

育才街
一中街波特屋
三民路
太平路
一中街

　台中夜市正掀起一股馬鈴薯旋風！原本只在美式餐飲吃得到的烤洋芋，現在已經在夜市開始熱賣！二年前，24歲的顏國文，利用美式餐廳的工作經驗和學弟陳俊瑜一起創業，將餐廳裡最受歡迎的配菜「烤馬鈴薯」研究改良，在台中一中街以「Potato House」（波特屋）的名號賣起口味獨特的烤洋芋。

　　一開始兩人籌了10萬元資金，從流動餐車開始做起，沒想到第一個月商品就大賣，平均每天創造200份洋芋的銷售佳績，七、八個月後租下固定店面，一天的銷售量增加到600份，一年後開放加盟，至今已有20個加盟點，下一步他們更計畫要進駐到百貨賣場；

成立大坪數的獨立店面，朝美式餐廳的方向經營。

波特屋銷售四個月後，市面上就出現類似產品，由於對品質的高度要求，讓他們依舊創造佳績：延續著之前在美式餐廳的品質要求，馬鈴薯特別精選美國 Russet Burbank品種，它的含水量低，而且質地綿密鬆軟，是烤馬鈴薯的首選。進口的Cheddar起司醬，則經過秘方特調，風味非常獨特。

年紀輕輕的他們，成功的創造了自己的品牌與口碑，一路順利經營，他們獨到的用心處，讓他們的夢想隨著路邊攤而起飛。

店面雖小，五臟俱全，美式的風格簡單俐落。顧客主要以學生為主，大家口耳相傳，名聲不脛而走。

## 心路歷程

波特屋的兩位老闆顏國文和陳俊瑜，兩人是弘光醫專的前後期學長弟，兩年前創業時，顏國文才24歲，陳俊瑜則小他兩歲。兩人都出奇的年輕帥氣，他們的人和店都散發著一種新興的路邊攤風格。

顏國文退伍之後的第一份工作是在一家美式餐廳擔任店長，源自於當時的工作經驗，顏國文企圖將美式餐廳的食物路邊攤化，有

我們對食材品質的堅持，是商品長紅的主要原因。

老闆陳俊瑜

老闆顏國文

了這樣的創業念頭，顏國文找陳俊瑜一起合作，那時陳俊瑜才剛退伍，自行創業就是他第一份正式工作。

年輕人創業小本經營，一開始兩人湊了十萬元，買了最基本的餐車、一個烤箱、一個保溫箱以及一些必備的備配，如鍋、杓、刀等，就開始營業。最初是從一中街的路邊攤位做起，因為商品特殊、而且以路邊攤的價格提供餐廳品質的食物，第一個月就大熱賣，生意長紅到一發不可收拾，平均每天都賣出200多份洋芋，當時唯一遇到的挫折就是警察開罰單，平均一個月會收到1200元的罰單5、6張，不過還好兩人年輕身強體壯，直接扛起餐車拔腿直跑的速度，不在話下。

擺攤四個月後，認識的朋友以相似的的商品在台中逢甲夜市做起生意，生意不免受到影響，但因為波特屋幾乎所有的食材，包括洋芋、起司、培根與青花菜都與美式餐廳相同等級，所以在口味上絕不怕客人比較。

111

# 經營狀況

**命名** 原本要命名為「大頭烤洋芋」，但不雅，為了突顯美式風格，因此命名為「波特屋」。

　　一開始命名時，顏國文很想以陳俊瑜的外號——「大頭」當作店名，叫做「大頭烤洋芋」，可是陳俊瑜覺得難聽而不同意，後來經由一位也在美式餐飲服務的朋友幫忙想了「波特屋」這個名字，它不但直接點出商品，也突顯出美式風格，很合乎兩人對商品的定位，所以就決定採用這個名字。

**地點** 台中補習班的集中地，年輕學子人數多，美式商品頗受歡迎。

　　剛開始尋找地點時，跑過台中很多地點，最後選擇一中街，原因無他，就是人潮眾多。這裡是台中補習班的集中地，每天來來往往的年輕學子非常多，年輕學生對波特屋這樣的美式口味接受度十分高，再加上價格便宜，生意自然是一飛沖天。

## 租金

好地段人潮洶湧，一個將近兩坪的店面，一個月租金要一萬元。

一中街學生人潮大量聚集，店面一店難求，小小將近兩坪的狹長空間一個月的租金就要一萬元，店面後面三分之二的空間擺設一台冰箱、一個流理台、兩個烤箱，就只剩下可容納一人走動的通道，還好烤洋芋需要的設備並不多，前面店面再擺設一個擺放各種食材的小工作檯以及一輛餐車，就設備齊全了。租金雖貴，但比起一開始擺路邊攤位，一個月要繳6、7千的罰單，自然是划算許多。

## 硬體

店面從零開始籌備，包括水管、抽風機、爐具等，大約花費25萬。

剛租下這店面是完全空空如也，包括水管、抽風機都得再花錢裝設，目前店裡主要設備包括一台冰箱、一個流理台、兩個烤箱、兩套保溫設備以及一輛餐車，總的算起來大約花費25萬。

烤洋芋看似簡單，但仔細觀察店面所使用的爐具，就發現其實大有學問，店裡主要的爐具都不是在台灣購買的，而是透過進口商直接從國外進口，因為根據顏國文之前在美式餐廳工作的經驗，目前所挑選的機種最適合烤洋芋，功率最快，而且耐用度高。看顧客的反應，就知道所言非假，他們所烤出的洋芋，不但熟度適中，而且極為綿密鬆軟，入口即化，完全是高級餐廳的口感水準。

一中街波特屋

**食材** 食材首重品質，堅持純正美國口味，採用進口品牌，品質保證口碑佳。

波特屋承襲美國傳統風味及品質，烤洋芋採用純正美國Russet Burbank品種洋芋，它除了含水量低、口感鬆軟香甜之外，褐色的皮烤出來的顏色賣相特別好，而且他們都會事先洗選好，大小重量平均，十分方便販售。

烤洋芋的做法並不難，程序幾乎大家都知道，但是如何調出香濃、爽口的起司，就是「秘方」的關鍵所在。

　　烤洋芋要好吃，除了首重洋芋的品質之外，起司也扮演了舉足輕重的角色，波特屋所使用的起司是從國外進口，選用Cheddar品牌，但原料僅只是買進，還要自己再烹煮調味，才能調製出波特屋的獨特口味；因為進口成本較高，平均一匙起司就比台灣架上買得到的品牌成本高出一元。不過，雖然成本高出不少，但這也是波特屋不怕其他品牌競爭的優勢所在。

　　除了洋芋、起司之外，其他配料像青花菜、培根，為了要求品質，也都是由國外進口。不同的食材向不同的廠商訂貨，陳老闆當兵時曾經擔任採買，這時便派上用場，所以相對比較容易尋得合適的廠商。

## 成本控制

食材強調品質，成本較高，總成本控制在四成左右。

進口的洋芋一箱90粒，成本大約600多元，起司進貨成本一包兩磅約400元，每份洋芋扣除洋芋及起司，其他配料成本大約需4元，兩位老闆表示，食材部分因強調品質，成本較高，利潤空間並不大，但基本上總成本會控制在四成左右。至於人力成本，扣除兩位老闆機動支援，店面還僱請了3位員工，每月的人事成本大約需8萬元。

## 口味特色

特選Cheddar Cheese，慢功烹煮，調出獨特的香濃起司。

烤洋芋看似簡單，人人會做，馬鈴薯、起司也隨處都買得到，但真正的看家功夫要看起司的調味，即使同樣是購買Cheddar 品牌的進口起司，也未必能調出一樣的口味。

波特屋的起司是經過老闆特別調製，再慢功烹調出來，金黃誘人的色澤不在話下，最令人印象深刻的是那聞起來濃郁四溢的香味，嚐起來卻十分爽口不覺負擔，不似一般美式食物容易過度甜膩。就算是在炎熱的夏天，吃下一整個洋芋，也不有飽膩的感覺，這就是波特屋一年四季都能熱賣的魅力。

**客層調查** 餐廳的品質，夜市的低價位，最受年輕學子喜愛。

　　因為一開始就設定將餐廳販售的美式高價位產品，以夜市的低價位行銷，所以顧客群鎖定在年輕學生，實際銷售後發現年輕的消費群當中又以女性居多。

　　對經常活動於此區的年輕學子來說，物美價廉、美式風味的烤洋芋絕對是他們很好的點心選擇，另外像放學後，來此地補習的學生，常常趕時間沒空好好坐下來吃頓晚飯；以及對胃口小的女生來說，一個份量適中、容易攜帶、方便進食的烤洋芋，實在是一份再適合不過的晚餐了。

**未來計畫** 計畫進駐百貨賣場，建立品牌形象，並擬成立較大坪數的單獨店面，朝美式餐廳的方式經營。

　　在一中街的店面生意十分穩定後，兩位老闆已開始他們下一步的計畫，目前正積極與百貨賣場接洽，計畫進駐百貨賣場，建立品牌形象，同時也在尋覓坪數較大的單獨店面，擬朝美式餐廳的方式經營，順利的話近期在一中商圈就會有波特屋獨立的店面餐廳。長遠的來說，兩位老闆希望雙線發展，小坪數的路邊攤單純販售烤洋芋；百貨賣場及獨立店面則除了烤洋芋之外，還會販售美式水牛城辣雞翅、法士達、沙拉、濃湯、薯格、冷飲冰品等綜合商品。

# 創業數據一覽表

| 項　　目 | 說　　明 | 備　　註 |
|---|---|---|
| 創業年數 | 2年 | |
| 創業基金 | 路邊攤位100,000元<br>路邊店面250,000元 | |
| 坪數 | 將近2坪 | 租賃 |
| 租金 | 10,000元 | 店面為自家持有 |
| 座位數 | 無 | |
| 人手數目 | 3至5人 | 員工3人，2位老闆機動支援 |
| 每日營業時數 | 10.5小時 | |
| 每月營業天數 | 30～31天 | |
| 公休日 | 除夕休假一天 | |
| 平均每日來客數 | 500～700人 | 平均40元/人 |
| 平均每日營業額 | 24,000元 | |
| 平均每日營業成本 | 9,600元 | 含人力薪資、水電 |
| 平均每日淨利 | 14,400元 | |
| 平均每月來客數 | 22,800人 | 假日來客數約為平日之兩倍 |
| 平均每月營業額 | 912,000元 | |
| 平均每月營業成本 | 288,000元 | |
| 平均每月淨利 | 624,000元 | |

★以上營業數據由店家提供，經專家約略估算後整理而成。

# 如何跨出 成功 第一步

　　「耐心」是兩位老闆給新手上路的提醒，儘管波特屋一路經營至今，算是十分平順，但經營生意，從一開始選擇要賣什麼樣的商品，到選擇地點、尋找食材、調試口味、採買設備、製作流程、人事管理、成本控制，全都要自己一一經手，若是耐不了煩，或是粗枝大葉，生意要做得好並不容易，所以兩位老闆建議年輕人若是要創業，要先有心理準備，「耐心」絕對是成功的必備條件。

　　波特屋在經營一年後，生意相當穩定，所以就開始開放加盟，目前已有20個加盟點；加盟的方式十分簡單，只單純收取一筆4萬元的技術指導費，不再收取權利金及利潤抽成，教授的內容則包括開店流程、食材準備、製作過程、銷售態度、地點的選擇評估，還完整提供商品的貨源，兩位老闆或許因為深刻體會年輕創業的辛苦，而特別體恤加盟商資金的有限，所以甚至連餐車的品牌形象都不要求統一，只要塑膠盒上貼個波特屋品牌的小貼紙就可以，問到他們是否會擔心商品因此過度浮濫，他們倒是對自己商品日益求精的品質信心滿滿。對這行業有興趣的讀者若是登門拜訪，相信個性活潑海派的兩位老闆，一定會熱於分享開店經驗。

度小月系列10 中部 搶錢篇

118

# 青花菜起司烤洋芋 做法大公開

# 作法大公開

洋芋因已愼選Russet Burbank品種，事先都已洗選好，大小重量平均，所以進貨以後並不需要再多費功處理。起司雖然採用國外進口Cheddar品牌，但爲創造獨特風味，需要格外費心調製與慢功烹調。青花菜首重口感的脆度，要先過一過冰水再水煮，水煮的時間要拿捏得當，同時一次不宜預先煮好過多的份量，以免失去鮮度。

## ★材料一份

| 項　目 | 所 需 份 量 | 價　格 | 備　註 |
|---|---|---|---|
| 洋芋<br>（馬鈴薯） | 一粒 | 約6～10元 | 傳統市場可購得<br>台式馬鈴薯 |
| 起司醬 | 一匙 | 200元/磅 | 平均一匙約3～4元 |
| 青花菜 | 約4～5小朵 | 300～600元/箱 | (價格浮動大，一份<br>的成本約3～4元) |
| 粗黑胡椒粒 | 少許 | 140元/250公克 | 超市有售 |

## ★製作方式

**1** 前製處理

1. 青花菜要洗淨，切成小朵，水煮熟之後過冰水，爲求新鮮，一次不要煮太多量，可就現場需要，隨時再煮，以免失去鮮度。

2. 已經洗選過的馬鈴薯，大小重量平均，十分方便販售，只要直接進烤箱即可。

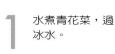

1　水煮青花菜，過冰水。

2　馬鈴薯大批一起進烤箱烤，烤好放進餐車下方的保溫箱。

3 取出保溫的洋芋
先用刀片劃開一
刀。

4 將馬鈴薯完全鬆
開，如此口感更
鬆軟，方便顧客
食用。

5 擺上青花菜，份
量約4-5小朵。

6 　淋上一匙起司。

7 　灑上少許黑胡椒
　　粒即完成。一份
　　只賣40元喔！

8 　老闆還另外熱情
　　提供培根的料理
　　方式，包裝的培
　　根雖已切片，但
　　仍太大片，需手
　　功慢慢切碎。

123

9 切碎的培根直接下鍋炒，因培根本身就富
含油脂，所以不用再加油，炒到快焦時，
就可起鍋，快焦的培根是最好吃的。

馬鈴薯外皮金黃、裡頭綿密鬆軟，起司
醬香濃爽口，即使在炎熱的夏天，都讓
人看了食指大動。

## 獨家秘方

　　烤洋芋的做法並不難，程序幾乎大家都知道，但是如何調出香濃、爽口的起司就是「秘方」的關鍵所在。另外，如何將洋芋烤得恰到好處，既要外皮金黃不焦黑又要裡頭完全熟透，這可得要專業的設備才能辦得到，不信你試試家用烤箱就會知道結果。

## 美味見證

林美琪 22歲 學生

　　在同學大力推薦下慕名而來，她說，馬鈴薯入口即化，從頭到尾都很熟透，起司也很濃郁，讓人吃了還想再吃。

## 在家DIY小技巧

　　如果讀者要在家裡自己動手烤洋芋，建議先用微波爐加熱至半熟，再進烤箱烤；如果使用一般家用烤箱，成功率會很低，因為家用烤箱的功率低，並不適合烤洋芋，不但耗時，而且容易一面已經烤焦了，一面卻還沒熟。

　　起司部分，最合適的選擇是焗烤用的起司絲，片狀起司則不適合，因為起司片不容易溶，會黏在馬鈴薯上頭，無法做出起司汁的效果。除了起司絲還可以再加上一茶匙的塊狀奶油，風味將更香濃，如果要另外添加其他配料，青菜類得先水煮，等馬鈴薯烤好直接加上即可，若是要加培根，則建議一起進烤箱烤。最後灑上的胡椒以粗黑胡椒粒較佳，口味會比較有層次感。

# 楊清華潤餅

獨家口味　一脈相傳
皮薄而韌　料鮮而香
餡香飽滿　一捲在握
皮下功夫　硬是了得

# D A T A

老闆：楊才生
店齡：50年
創業基金：約3萬
人氣商品：潤餅（30元/捲）
每月營業額：約51萬
每月淨利：約28萬
營業時間：每天9:00～晚上20:00
店址：台中市五廊街68號
電話：（04）2372-0587

美味評比 ★★★★★
人氣評比 ★★★★☆
服務評比 ★★★★★
便宜評比 ★★★★☆
食材評比 ★★★★★
地點評比 ★★★★☆
名氣評比 ★★★★☆
衛生評比 ★★★★☆

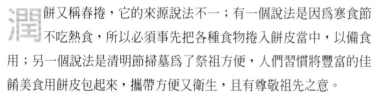

```
自            林
治            森
     五 廊 街
街   楊清華潤餅 ●   路
```

楊清華潤餅

潤餅又稱春捲，它的來源說法不一；有一個說法是因為寒食節不吃熱食，所以必須事先把各種食物捲入餅皮當中，以備食用；另一個說法是清明節掃墓為了祭祖方便，人們習慣將豐富的佳餚美食用餅皮包起來，攜帶方便又衛生，且有尊敬祖先之意。

因此在民間習俗中，原本是清明節當天才能吃到潤餅，每逢清明節都需要事先預訂「潤餅皮」，包潤餅用的餡料蔬菜在當天也跟著調漲，忙碌氣氛與端午節旗鼓相當。可是時代進步，在一切講究便利下，原本一年一度才吃得到的節慶應景食物——潤餅，現在反而成為普遍的傳統點心，時時想要品嚐這清淡健康的美食，一點都不困難。

127

享譽台中的「楊清華潤餅」，潤餅皮薄而韌，內餡清新爽口又帶著香酥氣味，簡單、衛生、明

雖位居小巷，但食客口耳相傳，因此完全無損於客源流量。

亮的工作吧台與親切和藹的服務態度，都是楊清華潤餅的特色所在。現點現包，客人同時來二人以上就需排隊等候，內用區擺上幾張餐桌椅，若在店內食用，則以潔白的瓷盤盛裝「潤餅」，附上摺疊整齊的餐巾紙，再免費附上一杯柴魚湯，讓人宛若置身下午茶的咖啡廳一般，「楊清華潤餅」專賣店果然開拓了潤餅的新視野！

## 心路歷程

第三代經營人楊才生，他的祖父楊清華是日據時代的公務人員，因為薪資微薄，想多掙點錢來貼補家用，就跟隨師傅學做潤餅，多年學習後辭去公職，開始擺攤做生意，四十多年前他在台中市中華路夜市時以「潤餅大王」為名，之後輾轉遷移到林森路五廊街口設攤，夏天賣自己醃的酸梅冰與其他冰品，冬天賣潤餅，這時名氣已經大開；楊清華往生前把這個技藝傳承給楊家兩位兒子，遷居現址後，全年都有賣潤餅，並且搭配酸梅湯一起販賣。現在第二代楊松吉先生雖然仍未退休，但店前的包潤餅生意已經交到第三代楊才生手上，而「擦潤餅皮」（製作潤餅皮）的重要任務還是落在

只要客人能喜歡我做的潤餅，就不辱祖父留下的美名。

第三代經營人楊才生。

楊松吉身上。

潤餅皮的主要成分是水與麵粉，依一定比例調製後呈乳狀樣後，舖在平面的圓形鐵板上（下置熱騰騰的火爐）形成薄而勻的潤餅皮，若非有一番眞功夫，根本做不出來，而這個製作潤餅皮的重要任務就落在擁有三十多年老經驗的楊松吉身上，他一早五點就起床，圍繞在五個熱騰騰的瓦斯爐旁邊擦六百至八百張的潤餅皮，而平均一張潤餅皮要甩個十來次（這樣潤餅皮才會Q而韌），算下來至少要六個多小時才能把潤餅皮「擦」完，擦的過程不僅滿頭大汗，常常擦完時手根本都酸到無法移動……。「楊清華潤餅」雖已傳承到第三代，但技術仍一脈相承，不敢有一絲怠忽。

## 經營狀況

命名　為紀念祖父辛苦創下的良好家業，名為「楊清華潤餅」。

第三代經營人楊才生，一方面爲了讓子孫感念先祖創業的辛苦；一方面因爲祖父的潤餅已經做出口碑，直呼人名，不但好記又不容易搞混，因此便以祖父的名字來命名，果不其然，台中人只要一說到吃潤餅，無不直指「楊清華」。

 **地點** 因為能夠節省許多成本開銷，所以在自己
住家做生意。

　　創始人楊清華早先在台中市人潮聚集的中華路夜市設攤賣潤
餅，那兒緊臨學校及住家附近，吸引了許多基本客源，後來做出口
碑，才移轉陣地到學校附近，夏天賣冰，冬天賣潤餅，針對著不同
的時節與客層對象做生意。

　　卅年前楊家一家人搬到位於五廊街、林森路口（也就是現
址），住家與店面一起使用。楊清華當初選擇在自己住家做生意，
是以可以節省許多成本開銷為考量，且單純的想把外面建立的客戶
群回收到家裡來，這某程度就像灑網一樣，等魚兒落網，再慢慢收
網，直接在家裡坐收漁翁之利。

　　因為地點深居小巷內，比較吸引不了一般路過游離客人，所以
客源主要以熟客為主，當中也有不少食客是經由口耳相傳，慕名循
線而來。楊老闆認為，在自己住家做生意壓力比較小，對於熟客也
都如老朋友般閒話家常，給人服務親切的溫馨印象。

 **租金** 約二十五坪的營業場所是自家所有，以目
前租金市價行情，約要三萬元。

　　現在約二十五坪左右的營業場所是自家所有，所以免租金，估
算起目前租金市價行情，大概三萬元左右。

度小月系列10 中部搶錢篇

楊老闆表示，一家人住這裡，材料準備比較方便，只是父親比較辛苦，一早五點鐘就要起床擦潤餅皮，才足以應付早上九點鐘就開始營業的潤餅生意，其他家人也都各有工作分攤，就好比一個公司一樣，各司其職，工作在這裡，也住在這裡，公司兼住家，可謂一舉兩得。

**硬　體**　只要有桌子包潤餅，有鍋子炒餡，其實沒有什麼硬體設備支出。

潤餅分潤餅皮和內餡兩部分，潤餅皮要當天現做，擦潤餅皮是做潤餅很重要的步驟，需要用到的配備是一種圓形鐵板，底下再架瓦斯爐。因年代久遠，當時所買的器具價錢已經不可考；現在人們多半是買現成的潤餅皮，但楊老闆說這種器具即使買得到，也不一定擦得出好吃堪販售的「潤餅皮」，因為這是多年經驗累積下來的真功夫。

潤餅所需要的食材都是新鮮的，高麗菜、豆芽、紅蘿蔔等蔬菜要現炒，所以一次用量不能太多，鍋子自然不必太大，只要是一般炒菜鍋就可以了，鍋子依材質不同，每只從幾百元到上千元都有。由於潤餅皮不能冰，其他材料也多以新鮮為主，一定要當天用完；因此只有內餡裡頭的肉燥，沒有馬上炒的部分需要冰箱冷藏。

楊老闆說，桌椅與工作檯可以盡量以不鏽鋼材質，這樣才比較方便清潔來保持乾淨衛生，但依厚薄程度不同，其價格差價也大，

目前L型工作檯不鏽鋼的部分約要一萬元，而楊老闆的店面其實沒有什麼裝潢，因為他認為清潔衛生最重要。

潤餅皮是主角，內餡只要用料新鮮，就能取勝。

潤餅皮的原料由中筋麵粉與水調製而成，當天的皮當天用，絕對不能放隔天，因為一放就變硬，口感會變差。潤餅的內餡包括肉燥、高麗菜、豆芽菜、紅蘿蔔、豆干、蛋酥、海苔酥、花生粉、糖粉等。肉燥是取豬上肉絞碎後加醬油炒香，蔬菜部分有別於市面的水煮方式，楊老闆用少許油快炒而成，不但香脆而且甜味會出來；蛋酥則是楊媽媽的法寶，用新鮮雞蛋搗勻後，透過濾網進入熱油鍋炸，呈金黃色即可，撈起後把油瀝乾，香酥的蛋香，任誰都想先嚐一口；再談到海苔酥，在委託行購買日本進口的海苔酥，酥脆爽口，馬上為潤餅口感加分不少。

以上食材雖然多樣，但是準備起來都不複雜，只有潤餅「皮」比較費功，但切記一切都要以新鮮度為最重要考量。

潤餅皮成本高，內餡食材且多樣，為顧及品質與口感，人力為決定成本的主要關鍵。

算起來一張潤餅皮高達四元的成本，每捲用量兩張，八元的固

定成本已經少不了，因爲潤餅皮需要經驗老到的傳統師傅用手工一張一張的「擦」出來，每張大小都要差不多大小需要很好的功夫，所以看似簡單的一張麵粉加水製成的潤餅皮，其實非常費工，其他餡料也需要前製作業的準備。總的來說，一捲潤餅的成型過程樣樣都費人工，因此最好以量制價來降低單價成本，所以楊家便全家總動員，來儉省大部分的人工成本。

楊爸爸「擦」潤餅皮的辛苦模樣。

**口味特色** 潤餅皮又韌又薄又有嚼勁，內餡又多又新鮮又酥軟，每一樣都極為用心。

潤餅「皮」是一捲潤餅的靈魂所在，採用一厚一薄的皮來搭配會比較適當，因爲單張容易破，兩張皮都是厚的或都薄的，則不足與太過，而影響一捲「潤餅」的成型，且降低了它特有的層次口感。「擦」潤餅皮時，把調好的麵粉糰放置在原形鐵板時動作要快，底下的火侯要控制爲小火，這樣的潤餅皮才會又韌又薄又有嚼勁，而且不容易破。

楊清華的潤餅都是現做現賣，所以最好能現吃，溫溫熱熱、圓圓飽飽的潤餅拿在手上時，不妨先用力聞一下，雖然隔著皮，但是那海苔酥香與蛋酥香的香味早已被穿透，當第一口咬開，高麗菜等菜餡的煙依稀可見，酥脆的海苔與蛋酥香味被燜了一下之後，在此時大肆展開，吃了第一口就會一口接一口，最後連不小心掉落的餡，也都捨不得放過，吃完之後，再配上一碗溫熱柴魚湯，幸福的感覺立即令人油然而生……。

**客層調查** 開業四十年了，附近居民是主要客層，但中部地區不論遠近，只要吃過，都會記得再來買。

　　楊清華潤餅口味特殊、價格便宜，以前店攤位居學區與住宅區，客源自然以附近居民、學生及學生家長爲主。因爲歷史悠久，客戶群一層層散播出去，中部地區開車專程來買的大有人在。這兒的潤餅除了美味，而且衛生便利、容易攜帶，所以很多機關團體都大量訂購，把它當成點心來食用，早期以銀行界爲最大宗，現在因爲經濟不景氣，數量漸漸減少；代之而起的是幼稚園，因爲把潤餅當做學童下午點心也很適合；而菜籃族到附近第五市場買菜時，路過時也會順便買。除此，每逢清明節是全年的最高峰，一天營業量大約是平常的三、四倍左右，但是一年只有這一天。

 **未來計畫** 把口味與品質兼顧好，好好經營，就是楊老闆最大的心願及未來計劃。

　　接手經營這家店的第三代楊老闆表示：自己從國中畢業就接觸店裡生意，學習做潤餅，他一直覺得把自己用心做好的一捲潤餅送到客戶面前，當看到客戶咬下第一口的滿足表情，他就有很大的成就感，而且只要客戶能喜歡自己做的潤餅，就不辱祖父留下的美名，因此只要持續把口味與品質兼顧好，好好經營，就是楊老闆最大的心願及未來的計劃。

# 創業數據一覽表

楊清華潤餅

| 項　　目 | 說　　明 | 備　　註 |
|---|---|---|
| 創業年數 | 40年 | |
| 創業基金 | 30,000元 | |
| 坪數 | 25坪 | |
| 租金 | 無 | 店面自有 |
| 座位數 | 10位 | |
| 人手數目 | 7至8人 | 全家人與親戚都一起幫忙，擦潤餅皮1人、廚房1至2人、店口2至3人、準備內餡4人，再依情況彈性配置。 |
| 每日營業時數 | 11小時 | |
| 每月營業天數 | 25～26天 | |
| 公休日 | 每週日及三大節日 | |
| 平均每日來客數 | 400～600人 | 平均30元/人 |
| 平均每日營業額 | 15,000元 | 含人力薪資 |
| 平均每日營業成本 | 8,000元 | |
| 平均每日淨利 | 28,500元 | |
| 平均每月來客數 | 17,000人 | 假日來客數約為平日之兩倍 |
| 平均每月營業額 | 510,000元 | |
| 平均每月營業成本 | 225,000元 | |
| 平均每月淨利 | 285,000元 | |

★以上營業數據由店家提供，經專家約略估算後整理而成。

# 如何跨出成功第一步

　　雖然楊老闆自覺幸運的承襲了長輩打下的穩健基礎，成功的條件已經決定一半，但是守成的壓力，也是一般自行創業者無法體會的，楊老闆說，要繼承原有的口碑，自己一定要更用心，否則有些微差池，客戶靈敏的味覺馬上就會檢驗出來；所以楊老闆總是戰戰兢兢，絲毫放鬆不得。

　　因為擦潤餅皮的功夫不是三兩天就能養成，所以一般都是買現成的皮，但也因此潤餅皮的品質比較難掌握，若想要從事這一行，一定要多試幾家，找出手藝品質好的擦「潤餅皮」師傅，這樣成功的因素就決定了一半。

　　潤餅餡料多，準備起來比較費工夫，要有成本可能不低的心理準備，而新鮮與否就是決定口味的重要因素，千萬不可馬虎。最後，衛生明朗的工作檯，可能會是決定等候的客人要不要繼續排隊的因素之一。

新鮮的餡料是潤餅好吃的重要因素。

# 潤餅 做法大公開

# 作法大公開

挑選現成的潤餅皮、糖粉、新鮮的花生粉（較香）；將高麗菜與豆芽菜用蔬菜用油炒香，依照個人口味，餡料可以自由斟酌調配。

## ★材料

| 項 目 | 所 需 份 量 | 價 格 | 備 註 |
|-------|------------|-------|-------|
| 潤餅皮 | 一張 | 一張4元 | 到傳統市場便買得到 |
| 糖粉 | 少許 | 20元/台斤 | 超市與傳統市場均有售 |
| 花生粉 | 少許 | 20～30元/台斤 | 傳統市場均有售 |
| 高麗菜 | 酌量 | 10～15元/台斤 | 視季節價差很大 |
| 豆芽菜 | 少許 | 15元/台斤 | 無季節性 |

以上食材可依照個人喜好，加入自己所喜歡的食材。

## ★製作方式

### 1 前製處理

1. 蛋酥是楊清華潤
   餅的特色,用新
   鮮雞蛋搗勻後,
   透過濾網進入熱
   油鍋中炸,呈金
   黃色即可撈起瀝
   油,香酥的蛋
   香,這是別家潤餅所沒有的口味。

2. 肉燥也是楊清華
   潤餅的一絕。

3. 將高麗菜洗淨切
   絲水煮後備用。
   但切記水分要瀝
   乾,要吃再包才

好吃,因為糖粉加上這些材料,放久水分會釋出,皮一變
軟就影響口感,又會邊吃邊漏。

4. 傳統手工擦出「潤餅皮」，一張一張都需要人力，而且需是經驗老到的師傅，才有辦法每張大小都差不多。

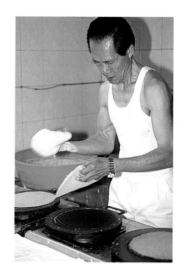

## 2 製作步驟

**1** 攤開潤餅皮，最好用兩張比較不容易破。疊好後放上依序放上蛋酥、豆乾、海苔酥。

2 接著放上瀝乾水分的豆芽菜與
高麗菜。

3 放上之前已經炒好的肉燥增
添香氣。

4 最後再加上花生粉與糖粉。

楊清華潤餅

5 最後將潤餅皮小
心捲起，裡面的
餡料不要因為貪
心而放太多，這
樣潤餅皮會容易
破掉。

6 包好後，放入盤子當中，就可以食用了。

## 在家DIY小技巧

坦白說，潤餅皮並不太容易買到，有心者可到一般的大型傳統市場去找（譬如是台北南門市場）等。而有幸買到品質好的潤餅皮，就可以在家裡，愛吃什麼包什麼，就連剩菜也可以捲起來吃，感覺有很大的不同；但潤餅皮一次不要買太多，當天沒食用完，可以放在電鍋再蒸過，但會變濕、變軟容易破，口感也會差許多。

## 美味見證

林玉仙小姐 26歲 會計

因為公司在附近，同事之間都習慣來此買點心吃，也經常帶一些回家給家人吃，可以先填一下他們的胃，自己才有充分時間準備晚餐。

楊清華潤餅

## 獨家秘方

餡料的選擇採用以新鮮原則，菜洗淨與清理後，用油炒過餡料會比較香，想吃清淡一點，用水煮也可以，但是要切記水分需瀝乾，要吃再包才能保留原味。

潤餅皮的品質優劣是潤餅好吃與否的一大關鍵，用心將潤餅皮捲得大小、份量適中，整個產品才算完成。

# 英才路大麵羹

純羹好味道
此羹非比羹
一碗接一碗
千里傳羹香

D A T A

老闆：陳明賢
店齡：40年（前20年推攤子沒定點）
創業基金：約2萬（40年前）
人氣商品：大麵羹（20元/碗）、滷油豆腐
（10/元）、滷蛋（5/元）、滷貢丸（5/元）
每月營業額：約56萬
每月淨利：約36萬
營業時間：每天早上9:30～晚上18:00
店址：台中市英才路215號巷口
電話：（04）2201-1718

| | |
|---|---|
| 美味評比 | ★★★★ |
| 人氣評比 | ★★★★★ |
| 服務評比 | ★★★★ |
| 便宜評比 | ★★★★ |
| 食材評比 | ★★★ |
| 地點評比 | ★★★★ |
| 名氣評比 | ★★★★ |
| 衛生評比 | ★★★★ |

大
雅
路

英才路大麵羹 ●

英　才　路

篤
行
路

　　大麵羹是台中特產之一，它不是一般「勾芡」的羹，而是種加了適量「食用鹼」的麵，「鹼」的台語音近似「羹」的發音，以此種麵條煮出來的湯麵，就稱為「大麵羹」。

　　在台中市散佈於大街小巷傳統市場的大麵羹攤位，不下上百處，各有其特色；但若是喜歡「羹味較濃」的老饕們，自會挑選這處位於英才路「巷仔內」的「純羹」好味道。

　　一般人把大麵羹定位為正餐間的「點心」；大約早餐後至午餐前約十點左右以

大麵羹沒有招牌，來的客人都以熟客居多，平均每人每次可以吃上二碗。

145

及下午三、四點晚餐前這兩個時段，人潮最多。客人都是站在攤前排隊，因早期人手不足時，早已養成客人自動自發，依序一碗一碗自己端的習慣；而滷味鍋裡的滷油豆腐、滷蛋、滷貢丸也都通通自己來。

> 我的大麵羹非常強調原味，口味非常單純，也特別香。

## 心路歷程

這攤大麵羹在台中市已經有四十年以上的歷史了，從五角、一元、二元到現在二十元一碗；早期第一代陳媽媽推攤子沿街叫賣，到20多年前才在這裡固定下來；雖然依然是擺攤，但客人卻是一傳十、十傳百，蜂擁而至。老舊的招牌上依然是「大麵羹」三個字，沒有特定的店名，唯一的尋找方式就是以沿著

老闆陳明賢。

英才路，看到路邊停滿機車、臨時停放的汽車與人潮走動密集的巷口，來作為辨識。

原從事鋁窗業的陳老闆，經常穿梭在大小建築工地，在一次工作中發生意外，被工地的廢棄物從頂樓砸下，險丟性命，痊癒之後，才投入接手母親的這處攤位。回憶小時候家人總是要他來攤子上幫忙，但好說歹說他總是不肯，覺得自己臉皮薄，不太容易面對那麼多陌生人，要招呼還要向人收錢，真是感到難為情，但是現在看他大方賣力的做生意，實在很難與過去的他聯想一起。

度小月系列 10 中部 搶錢篇

現年四十一歲的陳老闆表示：母親從生他之前就一個人推著攤子叫賣，每天早上出門在台中市北區一帶繞街叫賣大麵羹，最後選在「篤行國小」附近，等待下課學童、家長及鄰近工地的工人來這裡吃點心，一直到天黑後才收攤回家。持續十多年，後來才在顧客的建議與多方考量下，找到這個緊挨著房子牆壁邊的巷口安定下來；並以每月四千元左右的租金向屋主租個使用權利，做起生意。

直到約七年前，陳家經濟情況改善，才向原房東以一千多萬元的高價買下這房子，一家人從此不必在外租屋，但麵攤生意還是留在原來巷口上。房子買下來後，就將座位擴充到自己的騎樓上，屋內一樓還是暫時用來充當準備材料的場所。

## 經營狀況

命名　全台中市的大麵羹，幾乎都沒有冠上店名，這兒也不例外。

說到命名，陳老闆老實不客氣的說：「我就是路邊攤嘛！知道吃什麼就好，我都做這麼久了，還需要名字嗎？」大麵羹三字，在台中代表的不是店名，而是一種傳統地方小吃，但如果加上了「英才路」三字，

客人必點的小菜之一，滷蛋。

147

就代表是僅此一家別無分號的英才路大麵羹。雖然它沒有招牌不易辨識，但因為歷史悠久，沿著不算太長的英才路，朝著近篤行路或篤行國小附近開始搜索起，特別留意路邊人潮及車輛擁擠的地方，目標非常明顯，因為這附近沒有第二家大麵羹。

 **地點** 老攤子雖然地點不是很明顯，但客人早已養成習慣。

不僅座無虛席，客人還都自己取麵與舀小菜。

這家位於台中市英才路215號巷口的大麵羹，是二十多年前第一代經營人陳媽媽所選定的，因為距離自己經常推攤子駐足的篤行國小很近，租金又便宜，巷子附近居家又都是她的老主顧，做起生意倍覺親切，所以就簡便地搭個可以遮風避雨的棚子賣起了大麵羹。

陳老闆說：「可能是做久的緣故吧！地點好不好的問題，我從沒想過，可能是因為我的母親長期在此打下基礎，我才有辦法持續經營，否則這樣不起眼的地點，恐怕很難做生意。」陳老闆也曾考慮過要把攤子改到屋內，但是客戶反應會失去原來站著在巷口排隊，在攤頭上吃大麵羹的氣氛而做罷！

**租金** 店面自有，所以租金問題比較容易克服，可以節省許多成本開銷，只是這一切都是辛苦得來的。

　　巷口擺攤及營業用面積大約十八坪左右，當時每個月租金四千元租，並不昂貴，所以陳媽媽才決定在此設攤。

　　向房東租這個巷口時雖然便宜，但是工作場所不大，除了攤子本身，再擺下幾張桌椅及洗碗位置外；就不好佔用太多地方用來準備材料，因而只能將煮好的大麵羹一桶一桶從住家載到攤子上賣，在時間上往返諸多不便。經過十多年努力經營後，陳老闆終於在七年前花了一千五百多萬跟房東把整個房子買下，雖然沒有直接將攤位遷進房子，但是準備材料的場地可以用推車一進一出，方便不少，況且一家人能夠住在一起，又工作在一起，互相照顧與扶持，實在珍貴難得。

客人必點的小菜之二，滷貢丸。

**硬體** 小吃攤除攤車外，其餘基本的設備可視個人需要決定。

　　攤車、餐桌的不鏽鋼材質，是依照厚薄來決定價錢高低；冷藏食材的冰箱一個約五萬元，雖然一天的食材用量大，為求新鮮所以每天進貨，所以當天食材都會用完，準備一個冰箱就夠用了；煮麵

客人必點的小菜之三，滷油豆腐。

用的大灶設備因為市面需求少，價位偏高，整組連不鏽鋼鍋約一萬元；同時，為了應付大需求量所使用的開水電爐，可使水龍頭一扭開，熱開水馬上出來，不必耗時等水開而需要準備兩具開水電爐，價格共約三萬元，但是如果用量沒那麼大，就不需要購買。

因為是路邊攤，不需要裝潢及冷氣，設備可以一切從簡；合計以上這些設備成本約二十萬元左右，但是陳老闆說，外面二手貨賣場可以找到很多這一類設備，費用應該還能省更多下來。

食材　大麵向固定的製麵商批貨，韭菜與紅蔥頭則是從市場批來的。

「大麵羹」的食材很簡單，就是大麵、韭菜和紅蔥頭；這裡指的大麵是一種加了適量食用「鹼」的粗麵條，顏色略黃，台中市的傳統市場生麵食類攤販大部分都有賣，市價一台斤約二十五元左右，每天用量約一百台斤。

韭菜是從市場大量批購，清洗乾淨、切段後即可使用；紅蔥頭也是大批進貨，買回家後再用油把它炸到既香又脆的狀態。很多第一次來吃的客人都會好奇地詢問，這酥酥脆脆的到底是什麼，怎麼這麼好吃，這時陳老闆就會很有成就感，無語的露出開心笑容。

## 成本控制

食材保有原味、鮮度最重要,人力費用是一大支出,可以盡量節省,但自己要累一點。

目前攤位有五個工作人手,人事費用佔去了大部分的成本開銷,但因為來客數量多,這樣的支出是相對的,陳老闆建議一開始經營路邊攤時,人力盡量要節省,這樣就等於多賺點錢。

陳老闆說,食材購買時貨源要固定,這樣不但品質能確保,價錢也可拉低;吃的東西最好都是當天新鮮進貨,千萬不要為了省大批採購的小錢,而去花添購冷藏設備的大錢;造成東西不夠新鮮,客人流失掉,因小而失大。

## 口味特色

大麵羹特有的「羹味」就是最大特色,也是「巷仔內」老饕的最愛。

大麵羹的「羹味」與一般肉羹及魷魚羹大大不同,加了「食用鹼」的「鹼味」,與一般熟知的「鹼粽」味道頗為類似。剛買來的大麵羹內含「食用鹼」,比較不易保存,必須天天新鮮進貨,而進貨就要馬上冷藏,否則溫度過高時,麵條的「羹味」容易褪去,就是所謂的「退羹」,這樣一煮出來就沒有「羹味」。正常的話,經過一個多小時的熬煮過程,待麵顏色轉淡,透明有彈性,就大功告成了。

煮好之後,為了不影響「大麵羹」的原味,只要添加韭菜與油蔥酥佐味,就可以吃到客人口中形容的「原始的羹味」,那爛而不

糊的麵身，以及清爽而不黏稠的湯頭，搭配著濃厚的韭菜味、油蔥香與些許醬油味，有別於其他店家除了韭菜還會另加上的蘿蔔乾、蝦米等，而獲得許多老饕的青睞。

 **客層調查** 四十多年的口碑早已深植在台中人的心中，附近居民更是他的主要客層。

早期客源以附近居民為主，後來知名度漸開，附近上班族會利用午餐前或下午三、四點出來吃點心充飢，路過的民眾也會外帶回家當正餐。在媒體經常報導下，也會有一些臨時湧進來的觀光客。有些人對這種特殊「羹味」剛開始還不能接受，可是吃個幾次，就覺得愈來愈順口，到了下午三點就自動來報到。許多東海大學與逢甲大的學生，聽了中部學生的推薦，還會專程從學區搭車到這條小吃巷來品嚐一番。其實，由台中地區到處都有人賣「大麵羹」，就可以知道大麵羹受歡迎的程度。

 **未來計畫** 外面景氣不好，現在有工作好好做就對了，還沒有想過計劃。

新一代的外食人口雖然多，但因為小吃市場的選擇性太多，而大麵羹又太過於普遍，陳老闆認為還沒有必要做加盟或開分店。目前「大麵羹」是店裡的主角，陳老闆還沒想過要讓其他小菜風采更勝於它，而且目前孩子還小，傳承問題仍未知，再加上現在景氣不好，所以陳老闆現在只想要把大麵羹做好，還沒有想過未來計畫。

# 創業數據一覽表

| 項 目 | 說 明 | 備 註 |
|---|---|---|
| 創業年數 | 40多年 | 前20年推攤子無定點 |
| 創業基金 | 10,000元 | 40多年前 |
| 坪數 | 18坪 | 不含住家 |
| 租金 | 無 | 自有 |
| 座位數 | 30位 | 客滿是常事，人手一碗站著吃更是常有的景象。 |
| 人手數目 | 5人 | 老闆和老闆娘外，另僱用3人一天約工作9小時 |
| 每日營業時數 | 9小時 | |
| 每月營業天數 | 25~26天 | |
| 公休日 | 4天左右無一定 | |
| 平均每日來客數 | 500～600人 | 平均30元/人，除了大羹麵，通常會另加滷油豆腐或是滷蛋、滷貢丸 |
| 平均每日營業額 | 16,500元 | |
| 平均每日營業成本 | 8,000元 | 含人事成本、水電、瓦斯 |
| 平均每日淨利 | 85,00元 | |
| 平均每月來客數 | 18,700人 | 假日來客數約為平日之兩倍 |
| 平均每月營業額 | 561,000元 | |
| 平均每月營業成本 | 200,000元 | |
| 平均每月淨利 | 361,000元 | |

★以上營業數據由店家提供，經專家約略估算後整理而成。

# 如何跨出成功第一步

　　雖然不是自己創的業，但是陳老闆認爲經營小吃攤，還是要有一定的準則，首先要選對產品，簡單口味好掌握，材料不要太複雜，否則人力成本會加重；不管選擇什麼食材，「新鮮」原則是最重要的；而生財器具設備當然也不可少，但是可依照實際用量多寡來分批購買。如果在台中，剛開始要創業的人可以到建國市場或二手貨專賣店去找，將會節省不少錢下來。

這一鍋滷油豆腐、滷貢丸與滷蛋是客人的最愛。

# 大麵羹 做法大公開

# *作法大公開*

将大麵煮熟就是大麵羹了，與一般煮麵的方法略有不同，差異在於：要將麵中的「鹼」煮出來，所以時間耗費約需一個半小時，起鍋後再加配料。

## ★材料：

| 項　目 | 所 需 份 量 | 價　格 | 備　註 |
|--------|-------------|--------|--------|
| 大麵 | 一斤 | 20～25元／台斤 | 台中傳統市場才有賣 |
| 韭菜 | 一把 | 約10元 | 以喜好程度視添加量多寡 |
| 紅蔥頭 | 一匙 | 25～30元／台斤 | 傳統市場有售 |
| 醬油 | 一匙 | 30～35元／罐 | 超市有售 |

## ★製作方式

### 1 前製處理

生的紅蔥頭洗淨、切片用大火油炸，使油至七、八分熱，將紅蔥頭炸到金黃色後撈起瀝乾；韭菜清洗乾淨切大段備用。

## 2 製作步驟

1　將水煮開，放入大麵後用大火煮開，之後轉為小火續煮1小時。在這一小時中要輕輕攪動麵條，麵條會慢慢轉為透明，原有的金黃色澤會逐漸轉淡。

2　試試大麵的Q度時，可以撈起一條麵條，用手試試，以可以捏斷與否，來試出麵煮透的程度及Q度，再加入鹽與味精，適當調味後，就可以準備起鍋。

3 大麵羹的麵身熟了之後，把韭菜灑於其上，之後就可以倒入碗中。

4 灑上油蔥酥，一點醬油、一點辣椒醬，美味就上桌了。

5 在配上好吃的滷油豆腐、滷蛋與滷貢丸，美味又飽足。

## 在家DIY小技巧

由於這是台中地區普遍的家庭點心，做法就如同上述；煮麵的過程，沒有什麼特別差異。在家煮時可以加上自己愛吃的配料，就像家常麵食一般料理。韭菜可以多加一些，會更有嚼勁，再加幾顆貢丸看起來更豐富，如果不太習慣大麵特有的「羹味」，可以醮上一點現成的豆瓣醬攪拌來吃，也別有一番風味。

## 獨家秘方

食材要掌握品質好且新鮮的原則。在烹調上，大麵羹本身就是主角，只要儘量保持原味就好，而韭菜撲鼻的香氣，恰巧可以減緩特殊「羹」味或有的刺鼻；炸過的紅蔥頭，香味更協調。黃黃的大麵顏色配上韭菜的綠與蒜頭酥的點綴，色香味俱全。

## 美味見證

招指一算，劉先生已經吃這裡的大麵羹吃了二十年，他說這裡的大麵羹羹味比較重，沒有加防腐劑，特製的油蔥也滿特別的，所以吃起來就是有一股說不出的好味道，只要久沒吃就會覺得怪怪的，所以一個禮拜至少會來吃個兩、三次。

劉先生 三十三歲 房屋仲介

# 阿連扣仔嗲

- 黃豆米漿 一磨再磨
- 皮香餡鮮 貨真價實
- 保有傳統 不失創新
- 傳統美味 爭相走報

老闆：陳庥連
店齡：60年以上
創業基金：不可考
人氣商品：蚵仔嗲（30元／個）、韭菜條
（10元／條）
每月營業額：約30萬
每月淨利：約22萬
營業時間：每天早上11：00～晚上19：00
店址：台中縣南投市大同街179號
電話：（049）220-6665

| 美味評比 | ☆☆☆☆☆ |
| 人氣評比 | ☆☆☆☆ |
| 服務評比 | ☆☆☆☆☆ |
| 便宜評比 | ☆☆☆☆ |
| 食材評比 | ☆☆☆☆ |
| 地點評比 | ☆☆☆ |
| 名氣評比 | ☆☆☆☆☆ |
| 衛生評比 | ☆☆☆☆☆ |

中山公園
民權街
民生街
大同街
阿連扣仔嗲

阿連扣仔嗲

所謂「扣仔嗲」或是「盒仔塊」，就是將黃豆與在來米研磨成黃豆米漿，不添加任何調味料，沾裹蚵仔、蝦子、韭菜、米糕、香菜、大蒜等食物油炸而成，再搭配傳統辣椒醬料一同入口，屬於早期地方民俗小吃。由於黃豆米漿不易保存，雖可冷藏，但無法保存太久，路邊攤與市場大多不太方便販賣，所以扣仔嗲的外皮多數已經改由麵粉和水取代，但是口感卻大大扣分。

遠近馳名的「阿連扣仔嗲」就是這種傳統的黃豆米漿「扣仔嗲」；將蚵仔、韭菜、米糕、豆腐、香菜與各式蔬菜為餡，放在約拳頭大小的湯杓中，

大蒜條，輕輕咬一口，滿溢清香。

再均勻沾裹黃豆米漿，放入滾燙油鍋中，數秒鐘後炸到金黃色即可起鍋。吃扣仔嗲的習慣雖然以蚵仔嗲、韭菜條最多，但隨著時代改變，哈日風潮興盛，客人需求多樣化，炸蔬菜的種類也日益繁多。

位於南投市中山公園對面的「阿連扣仔嗲」。

目前「阿連扣仔嗲」不僅被南投縣政府列為地方特色小吃之一，媒體並且爭相報導，外來觀光客更是把它列為知名小吃，老字號阿連扣仔嗲的魅力何在，值得一探究竟。

## 心路歷程

現年58歲的老闆陳木連，雖已有第二代足以堪負重任，但自稱仍活力十足，尚未考慮退休；這一味扣仔嗲其實並非陳老闆所創，而是他的父親從祖父手中接過「扣仔嗲」生意，但因為父親很早就過世了，哥哥便繼承父親遺志，而陳老闆則是從七歲起開始跟在哥哥身邊學做「扣仔嗲」，算一算陳老闆接觸扣仔嗲已經超過五十年歷史，這數十年間，陳老闆都依照傳統做法，除了多加一些不同的蔬菜種類，來趕上哈日風潮，其餘如外皮的技術與沾醬的做法，完全都沿襲傳統。

從三個蚵仔嗲五角賣起，到現在每個30元，回想起這段歷程，陳老闆說，很小的時候他就跟著哥哥去市場做生意，之後再去撿木材與蕃薯，然後回家把黃豆與在來米推磨成米漿，之後再匆匆忙忙

去上學，放學後又馬上丟下書包幫忙做生意……，成長過程雖然辛苦，卻也練就他認命的性格。

　　扣仔嗲的經營也是幾經波折，該攤曾經三度遷移，當市場被拆遷時攤位就得跟著遷移到他處，之前又經歷921地震，不得已只好遷到草屯鎮上，還好挾著在南投市已經累積的名氣，一到草屯，生意很快就恢復昔日榮景，陳老闆原想再開一家，維持兩家店同時營運的狀態，後來因為人手不足，只好放棄草屯鄉親的愛戴，專心回故鄉南投市發展，因此目前所看到的「阿連扣仔嗲」是僅此一家，別無分號。

我雖然書念的不多，但對於自己做出來賣給客人吃的東西，很有把握能讓客人再回來吃。

老闆陳木連

## 經營狀況

**命名**　「扣仔嗲」是主商品的名稱，阿連則是老闆的名字。

　　雖是家傳祖業，但陳老闆因為年幼喪父，也不知道祖父及父親經營的確切年代，但光是自己從七歲起到現在，扣仔嗲的年齡已超過五十年歲月，再加上哥哥接手的部分，確定它應該超過六十載。歷代當中就屬自己參與經營的時間最久，所以陳老闆從哥哥手中接手後，店名就冠上自己既鄉土又親切好叫的名字——「阿連」。

阿連扣仔嗲

**地點** 最早選擇人潮多的市場，現在則選在中山公園邊，吸引休閒人潮。

位於南投市中山公園對面的「阿連扣仔嗲」，雖然幾經遷徙，但是都是在人潮多的地方。現在的地點是陳老闆最滿意的營業地點，因為對面的中山公園有停車場，停車方便，這是吸引客人的第一要素，而鄰近的第二公園內，下午時間可以休憩乘涼，許多人都在此聚集下

憑藉地點上的優勢，為扣仔嗲吸引不少人潮。

棋，所以吃點心的機率大大提昇，另外，第三公園為休閒場所，假日人潮特別多，憑藉這些地點上的優勢，阿連扣仔嗲的生意也就特別好。

近來景氣不好，失業率高，很多人都習慣下午到這些公園附近喝上兩杯，配幾塊蚵仔嗲、炸溪蝦、炸米糕，這不但花費少，又可消磨一下午的時間，也讓扣仔嗲的收益增加不少。

**租金** 因為找不到比這裡更適合的地點，所以每月以三萬元左右租金承租。

現在的店面是約十五坪不到的營業場所，每個月租金在三萬元

左右,屋旁的走廊另有約十坪左右空間,假日可擺起辦桌式大圓桌,所以裡裡外外共約25坪,可容納50人左右座位。

**硬體** 油鍋、研磨機、四門冰箱、桌椅等硬體設備支出,約需七、八萬。

「扣仔嗲」是油炸食品,所以油鍋、瓦斯是必備的,因為攤位設在騎樓上,抽油煙機可以省,但油鍋上方的抽風扇可免不了;所需配備還包括磨黃豆米漿用的研磨機,冷藏蚵仔、蔬菜等餡料、米漿用的冰箱,營業用桌椅與工作檯,以及不鏽鋼廚具。陳老闆認為,雖然不鏽鋼材質價格比較高,但便於清潔,也更符合衛生要求。這些設備花費如果都是全新的,需要七、八萬,如果是中古二手貨,則可以省下一半以上的設備成本支出。

**食材** 「黃豆米漿」是扣仔嗲的靈魂所在,內餡只要新鮮就可以了。

扣仔嗲的外皮以進口黃豆與本地在來米,依照三碗米與一碗黃豆,也就是3:1的比率調和研磨,再加入水,使其成稠狀。平常生意好用量大時,每日可以用

以地瓜、芋頭、米糕、蘿蔔糕為內餡,自然營養,選擇性又多。

自創蝦仔嗲，是以豆腐沾漿再放入溪蝦油炸，造型誘人。

到百來公斤左右的黃豆，而早期都是用人力推磨黃豆，現在因為用量大，而且冷藏設備先進，所以陳老闆都得一大早就起床，先將一天用量的黃豆及在來米先行浸泡四小時後，直接用機器研磨，未用的用量則先放在冰箱冷藏（但要記住，千萬不能放到隔天再使用）。

扣仔嗲的主體內餡都是向固定市場小販批來的，每天新鮮進貨，內餡口味包括鹿港新鮮又大顆的蚵仔嗲、比一般韭菜大把又香甜的西螺韭菜做成的韭菜條，而溪蝦、乾魷魚、肉餡、香菜、大蒜、米糕、地瓜，也是各式扣仔嗲內餡的主角，值得一提的是，陳老闆不惜成本採用一斤300塊的杉林溪溪蝦來做蝦嗲內餡；杉林溪的野生溪蝦完全沒有受水源污染，健康的活蝦口感特別鮮甜，吃得也安心，很值得一嚐。以上食材的價格除了近來黃豆價格波動漲至一倍外，其他都隨著產季互有消長，但基本上還在可控制的範圍內。

**成本控制** 除了磨黃豆米漿需要時間外，其餘做法簡單，人力可以儉省許多。

陳老闆建議：「一開始經營可以不需店面與座位，而先用路邊

老闆為了增加顧客的選擇性，還增添了炸蘿蔔糕等產品。

攤的方式，來省下店租及店內設備的大筆支出；等到培養出客戶群後，再思考其他問題。」

另外，食材可以在家先處理好備用（要確保新鮮），外出擺攤時就可以儉省很多人力。但是要注意，黃豆米漿一遇到夏天，要更加留意鮮度與保存。

**口味特色**　黃豆米漿做成的香酥外皮，口感與麵粉皮大大不同。

　　新鮮的韭菜配上鹿港的鮮蚵，裹以在來米和黃豆磨成的濃稠漿汁，經大火油炸而成的蚵仔嗲，真材實料、外脆內腴、豐富飽滿，它的香酥外皮，口感與麵粉皮大大不同。而醬汁部分也是陳老闆用心之處，這一味又辣又香甜甘純的醬汁，不僅適合搭配蚵蝦嗲等乾食，拿來搵米糕或肉粽也很對味。受歡迎的韭菜條則是將新鮮的韭菜三、四枝綁成一捆，再裹上黃豆米漿，酥炸之後，一口咬下韭香滿盈，實在美味。

扣仔嗲的人氣商品，韭菜條。

超過六十年的老招牌，曾經三度遷移，但南投的鄉親，總是記得尋香覓得。

阿連扣仔嗲口味傳統、價格便宜，附近居民是第一基本客戶群，因為歷史悠久，雖然經過幾次搬遷，但是「好吃逗相報」的純樸民風，讓傳統美味不寂寞。因為位居公園旁，下午時段在公園運動休閒、或到公園停車來來去去的人潮中；聞香下馬的客源不在少數，帶著旅遊手冊開車專程來買的也所在多有。

**未來計畫** 自認書讀不多，能有這樣的工作充分維持家計，一定要好好做。

陳老闆說：「現在經濟那麼差，自己及小孩也都沒有其他專長，所以一直希望兒子能接手下來好好做。」雖然曾經有人想加盟連鎖，但都因為黃豆米漿的處理及保存，實在沒有想像中容易，所以做罷。如果兒子能好好努力，陳老闆希望日後能有開分店的機會。

# 創業數據一覽表

| 項　　目 | 說　　明 | 備　　註 |
|---|---|---|
| 創業年數 | 60年以上 | |
| 創業基金 | 年代久遠不可考 | |
| 坪數 | 25坪 | 含屋外走廊 |
| 租金 | 三萬元 | |
| 座位數 | 50位 | |
| 人手數目 | 2至3人 | 一家人一起努力，陳老闆炸嗲，陳太太幫忙切，兒子則負責準備食材與招呼客人。 |
| 每日營業時數 | 9小時 | |
| 每月營業天數 | 25～26天 | |
| 公休日 | 不一定 | |
| 平均每日來客數 | 100～200人 | 平均60元/人 |
| 平均每日營業額 | 9,000元 | |
| 平均每日營業成本 | 2,000元 | 含人力成本 |
| 平均每日淨利 | 7,000元 | |
| 平均每月來客數 | 5,100人 | 假日來客數約為平日之兩倍 |
| 平均每月營業額 | 306,000元 | |
| 平均每月營業成本 | 80,000元 | |
| 平均每月淨利 | 226,000元 | |

★以上營業數據由店家提供，經專家約略估算後整理而成。

阿連扣仔嗲

# 如何跨出 成功 第一步

　　一路苦過來的陳老闆苦笑著說：「認命啦！」雖然從小他就沒有權選擇自己的行業，自認艱苦人，而命運也經常開他玩笑；經歷921地震後房子雖然受損，但全家平安，他說：「做吃的本來就辛苦，只要守的住，應該比其他生意好做，利潤又好；但是要珍惜自己努力來的成果，不要偷工減料，或任意調漲價格。因爲客戶是一代一代口耳相傳的；爲了目前的好名氣想要多賺一點錢，而搞砸自己的招牌，實在得不償失。」

扣仔嗲肉餡的選擇，非常多樣化。

# 扣仔嗲 做法大公開

# 作法大公開

　　將扣仔嗲的外皮：黃豆米漿依比例調製成最佳狀態，再確保其新鮮，就能做出好吃的扣仔嗲。

## ★材料（3-6人份）

| 項　目 | 所 需 份 量 | 價　格 | 備　註 |
|---|---|---|---|
| 黃豆 | 一碗 | 8元／台斤 | 傳統市場可購得 |
| 在來米 | 三碗 | 25～30元／台斤 | 隨WTO價格異動 |
| 蚵仔 | 酌量 | 70～120元／台斤 | 隨產季異動大 |
| 韭菜 | 酌量 | 12元／台斤 | 傳統市場即有售 |

## ★製作方式

### 1 前製處理

1. 將黃豆與在來米洗淨，以三碗米與一碗黃豆3：1的比例；在來米先浸泡約四個小時，然後以研磨機研磨備用。
2. 蚵仔洗淨備用。
3. 韭菜切細，放一旁備用。

## 辣椒醬汁

1　先將酌量特辣的小辣椒切好，備用。

2　將糯米浸泡四小時，小辣椒與糯米的比例為1：1。

3　用研磨機將前兩者研磨成濃稠狀，邊磨時邊加適量的水，使醬汁綿密卻不乾涸。

4　以小火將上述生的醬汁熬煮半小時即可（置於冰箱，可存放一個禮拜）。

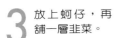

### 2 製作步驟

**1** 油鍋倒入約半鍋油，開大火等油熱之後轉中火。

**2** 以不鏽鋼平底圓杓，撈起黃豆米漿，以湯匙均勻抹平，韭菜鋪底。

**3** 放上蚵仔，再鋪一層韭菜。

4 抹上薄薄一層黃豆米漿，記得將米漿均勻抹平。

5 然後放入油鍋油炸轉金黃色澤。

6 扣仔嗲撈起後瀝乾油，配上簡易豆腐丸子湯，就可飽餐一頓。

## 獨家秘方

扣仔嗲整個製作過程連餡料也不添加任何調味料，樣樣都以新鮮自然為原則，炸酥完成後，再沾醬和著吃而不沾醬也很香，因為不調味，所以很適合大眾口味，男女老少都喜歡。

## 在家DIY小技巧

平常在家製作，如果不嫌麻煩可以比照上述方法，因為黃豆與在來米還要浸泡與磨漿，一次可以多做一些起來，由於不添加任何調味料，所以吃不完的可以冰起來，要吃時再放到油鍋裡炸，或是用烤箱與微波爐處理。記得一定要趁熱吃，才能保有它的美味；但是油炸品一次不要吃太多，以免增加身體負擔。

## 美味見證

曾先生 四十歲 自由業

已經在這裡吃了十八年，和老闆是三十年的老朋友，平時下了工只要有空就會到公園來走走，如果離晚餐時間還很久，就會過來買一、兩塊蚵仔嗲或韭菜條當點心吃，順便跟老闆聊聊天，常常點蝦嗲、蚵嗲與芋頭嗲來吃，曾先生覺得阿連的扣仔嗲好吃又便宜。

阿連扣仔嗲

# 忠孝豆花

- 三代相傳 口味道地
- 火候技術 專業水準
- 花生鬆軟 黃豆芳香
- 滑Q香嫩 口感超讚

# DATA

老闆：陳景新
店齡：30年
創業基金：約5萬
人氣商品：花生豆花（20元／碗）、芝麻地瓜
　　　　　（10元／份）
每月營業額：約66萬
每月淨利：約48萬
營業時間：每天早上6：00～傍晚18：00
店址：台中市忠孝路238號
電話：(04) 2282-4927

| 美味評比 | ★★★★★ |
| --- | --- |
| 人氣評比 | ★★★★ |
| 服務評比 | ★★★★ |
| 便宜評比 | ★★★★★ |
| 食材評比 | ★★★★ |
| 地點評比 | ★★★★ |
| 名氣評比 | ★★★★ |
| 衛生評比 | ★★★★ |

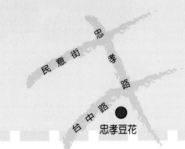

民意街　忠孝路　台中路　忠孝豆花

忠孝豆花

　　忠孝豆花是三代相傳的祖傳事業，技術相承、口味道地。繼承了父親打下的口碑和市場，年紀才35歲的陳景新老闆不但沒有自恃父親的庇蔭，反而在技術上精益求精、格外付出心力。聽陳景新細述製作流程，從愼選食材、精挑產地，到火侯溫度的掌控都有他獨到功夫。平時就很喜歡「做實驗」的陳景新，非常具有研究精神，對於流程的改良可說是不遺餘力：以前需要10小時的製作時間，經過他的研究，現在只要短短2小時就可以製作完畢，而且口味還更加香純濃郁，雖然店裡的招牌是傳統豆花，但是陳景新對其他種類豆花的研究，像是布丁豆花與果凍豆花都花了很多時間。不過，新花樣雖新鮮，嚐試證明還是傳統豆花獲得較多人的青睞。

值得一提的
是，忠孝豆花所有
的製作過程都是由
陳景新一人包辦，
而一聽到陳景新的
工作時間，更是不
得不佩服他的耐
力；陳景新每天早
上6點起床製作豆

30年老字號，店面雖然簡單，美味卻是遠近皆知。

花，中午稍事休息，再一直工作到傍晚六點，以前有第二家店時，
下班後還繼續到另一家店忙，後來實在忙不過來才把第二家店收起
來，空出來的晚上時間就用來進修，學習企業管理與投資理財。深
具生涯規劃概念的陳景新，已開始積極累積專業的投資能力，計畫
將店裡所得的利潤轉投資，以利滾利。

## 心路歷程

陳景新是忠孝豆花第三代的經營者。最開始他的祖父在大陸主
業是務農，農閒時兼著賣豆花，到了父親這一代來到台灣，先是挑
擔沿街銷售，後來忠孝街上有人要賣房子，因為離原本挑擔販售的
地點不遠，地段不錯，所以就買下這個店面。算一算陳景新投入這
一行業已有18年之久，前八年是跟著父親做，後十年才接下這家店
獨力經營。

十歲開始幫忙賣豆花、國中畢業時
已經學會全程製作豆花的陳景新，退伍
後先是賣米糕，一方面想自己闖闖
看，一方面那時家裡的豆花生意都
是由哥哥掌管，後來哥哥沒意願繼
續做，才由陳景新接手經營。

做生意最基本的要件是
商品要有特色。

陳景新一心想要自己創業，
藉此訓練自己的抗壓性，也可與社
會脈動緊密扣連，保持成長，而且
只要自己的技術夠好，做出口碑，
自然就能賺大錢，他殷殷期盼以十
年的辛苦來換取之後二、三十年的

第三代老闆的陳景新

輕鬆，而非受僱於人，一輩子辛苦做卻永遠領著死薪水。

　　另一方面，陳景新從小就看著父親用心做豆花，父親製作豆花
堅持完全手工化，常常半夜就起床做豆花，耳濡目染下，他早已對
豆花有一股深不可阻的情感。即使是由父親親自傳承，陳景新也是
學了五年才進入狀況，而豆花製作首重技術，每個步驟都關係著豆
花好吃與否，其中原料與溫度的掌控更為重點，例如，只要黃豆從
不同的田地生產，做出來的豆花口味就不一樣；只要有空時他就不
斷思索類似「為何豆花會凝固？怎樣的凝固方式豆花才會最好吃…
…」等問題，陳景新秉持著一定要做出最好吃的豆花給客人吃的信
念，只要一個小步驟沒拿捏好，就把整桶豆花都倒掉；而且只要有
人說他的豆花不好吃，陳景新就不收那位客人的錢。研究豆花至今

十幾年來，他已經研究出5、6種製法，至今陳景新仍舊繼續用心研究，不曾懈怠，因為對他來說，做豆花本身已經是一門藝術。

　　獨力經營之後，他對於技術改良不斷精益求精，父親時代的全手工製作，現在已改為半手工半自動；主要步驟仍舊維持手工，費時的部分就改為自動化，像煮豆漿的過程改為自動攪拌與自動計時，如此一來，不但節省人力，而且因為不易煮焦，反而讓豆花品質更純更香。流程簡化、口味卻更上一層樓，是陳景新這麼多年來辛苦過後的豐盛成果。

新鮮的料餡也是忠孝豆花好吃的要素。

## 經營狀況

命名　　直接以產品來命名，「忠孝」二字清楚點出地點，簡單又好記。

　　陳景新取店名時並沒有特別考量，直接的想法就是以產品命名，標出地點讓客人好記；這樣簡單明瞭的店名，反而成為特色，人們一提到台中的忠孝夜市，絕不會漏掉深具口碑的老字號「忠孝豆花」。

 **地　點**　鄰近忠孝夜市與第三市場，大量人潮帶動許多買氣。

　　陳景新的父親到了台灣後，一開始是挑擔叫賣，當時販賣地區主要在南門路一帶，生意愈做愈好下，陳景新的父親曾陸續在仁和路與建成路租過店面，但是幾次遇到房東收回店面，才開始積極尋覓合適的店面。60年初，忠孝夜市雖然尚未繁榮，但因靠近第三市場，又是大里一帶進出火車站的主要通路，發展前景看好，所以多數屋主都是置產投資，少有要賣出的房子，所以當這家店面要出售時，陳景新的父親便以一百多萬的價格買下。

 **租　金**　60年初，父親以一百多萬買下這個約16坪的店面，以目前忠孝夜市相似店面條件的租金行情，一個月要高達3-4萬。

　　陳景新的父親租店面做生意時，常遇到生意好，房東卻要收回店面的窘況，因此陳景新的父親便下定決心要擁有自己的店面，在物色地點時並以長遠經營為考量，後來事實證明的確具有遠見。當初買下這店面時，忠孝夜市尚未繁榮，地價還沒飆漲，以後來的地價行情來看，當時花一百多萬買下這個房子實在是明智之舉，因為以目前忠孝夜市相似條件店面約16坪的租金行情，一個月要高達3-4萬之譜，而現在店面每月完全不用負擔租金成本，的確省下了不少錢。

忠孝豆花

**硬體** 餐飲業首重技術,設備其次,簡單夠用即可。若要節省成本,買二手設備也是不錯的選擇。

　　陳景新表示,寧可先有技術,設備只要簡單夠用就可以了。顧客吃東西講求新鮮度,如果生意好根本不用保存,所以店裡的冷藏設備,只在店面與地下室各有一台冰櫃,而且地下室的冰櫃裡面也只存放了約五桶煮熟了的花生、紅豆、綠豆和豆花。店裡其餘的設備還包括一台煮熱食的餐車、兩個蒸碗粿、刈包的蒸籠、一個放麻糬的小玻璃櫃、一台磨豆機、一個單爐的火爐,以及其他鍋具,估計下來,大約需要5～6萬元。陳景新建議,如果要節省成本,買二手的也是不錯的選擇,像店裡放豆花成品與碎冰的冰櫃一台全新的價錢要一萬多元,買二手的只要8、9千塊。

**食材** 以品質為首要,慎選產地品種,花生一定要用台灣本地所生產的;黃豆則從美國進口。

　　就店裡最受歡迎的花生豆花的花生食材而言,花生一定要用台灣本地;特別是鹿港和雲林所生產的,店裡的採買方式大多是直接在產地批發,來購得品

忠孝豆花的黃豆,都是美國進口。

質最好的產品。在挑選花生時，要挑選形狀完整沒有破損的，千萬不能有黑點，而且一定要確保新鮮度。至於製作豆花所需的黃豆，則都從美國進口，還要指定是非基因改造的品種；不考慮台灣品種是因為台灣的黃豆多用於製作醬菜，若用來製作豆花，品質會略遜一籌，而上選的黃豆品質顆粒要飽滿、色澤要鮮豔，不能破損。

講究傳統風味的忠孝豆花，陳景新十分自豪的說，他們的食材都是真材實料，從店裡的豆花能夠加熱就可以驗證其品質；一般坊間的豆花幾乎都不能加熱，那是因為使用化學原料，一旦遇熱就立刻溶化，內行的消費者一試便知分曉。

## 成本控制

大批進貨以量制價，品質與價格利潤都要兼顧。

花生的價格浮動較大，遇到水災或是雨季較長，價格就會上漲，以店裡一訂就幾百斤的數量來說，花生最貴曾經飆到一台斤75元，平常則多在40～60元之間。黃豆的美國產量較穩定，價格很少變動，60台斤價格約400元。店裡的砂糖是採用台糖2號砂糖，一公斤價格約25元。

調味的薑湯是採用南投民間鄉產的老薑，一斤70～80元，冬天產量大，價格會稍降。嫩薑和常見老薑並不同，嫩薑尺寸稍小，老剝開來就能聞到清香的薑味，剛入行的生手採買時很容易分不清，

忠孝豆花

陳景新剛開始做生意時，也常有買錯被騙的
經驗。而選用老薑是因為它比較辣，也比
較香，和糖水的味道搭配起來比較適
合，在挑選時可由品種、形狀、產地、
顏色、是否腐爛來判斷品質優劣。

 **口味特色** 三代技術傳承，花生豆花是金字老招
牌。

忠孝豆花的招牌是花生豆花，從
最早祖父那一代就是賣花生豆花
起家，技術自然不在話下，如果
從成本來看，陳景新說，聰明的
顧客都會點花生豆花，因為它的
成本其實是最高的。

包辦所有製作豆花工作的陳景新
說，好吃的豆花一定要有口感、要吃得到黃豆的
自然香味；光是用眼睛看，豆花的滑Q彈性就會讓人垂涎三尺。看
老闆談得眉飛色舞，想來自家豆花一定具備上述所有優點囉！
　　由豆漿凝固為豆花的重要角色──「豆花粉」，則是使用少許熟
石膏與豆花專用的特製蕃薯粉調製成一定比例所製成，陳景新說那

是他研究多時所發現到最棒的豆花粉，有心人不妨多加試驗。

　　談到花生，要鬆軟好吃又保持形狀完整，可非得要有真功夫才行。首先，要先把品質不好的花生剔除掉，然後將花生浸泡一個晚上再進行熬煮，熬煮時先大火滾沸之後再轉小火慢熬8小時，直到熟透為止。有些店家為了節省時間可能會加入小蘇打粉，但是速度太快，反而會使味道不夠純，所以忠孝豆花還是堅持慢工出細活，忠於原味。

**客層調查**　老顧客才是店裡最主要的客源，30年的歷史，好口碑緊緊抓住老顧客的胃。

　　豆花地點鄰近忠孝夜市與第三市場，此乃人潮洶湧之處，廣大的人潮自然帶動無限商機，雖是如此，陳景新表示，老顧客其實才是店裡最主要的客源，30年經營下來，好口碑一直緊緊抓住老顧客的胃，很多住在附近的人都是小時候爸媽帶來吃忠孝豆花，長大了就帶丈夫、太太一起來，這群老顧客現在都成了家，有了小孩之後，他們的小孩就自然變成忠孝豆花的新主顧。他們的客人大多是這樣，所以30年來不需要多做廣告宣傳，吃忠孝豆花已經是許多老主顧生活的一部分。

　　店裡的生意以外帶為主，陳景新認為，光是在店裡吃的銷售量有限，創造外帶市場才能開發出更多的銷售量。陳景新說，像火鍋

店這類的生意他是絕對不做的，因為只能在店裡食用，看似生意興隆，可是實際的利潤卻很有限。

 **未來計畫** 本店穩紮穩打，並不打算開放加盟或成立分店，陳景新長久計畫放在投資理財上。

　　豆花技術難學，堅持口味第一的陳景新，為了確保商品品質，並不打算開放加盟，因為陳景新投注在豆花的心力與時間非常多，所以沒計畫再開分店。對投資理財很有興趣的他，一方面想繼續穩紮穩打的經營本店，一方面則打算利用店裡的利潤轉投資，做為下個階段的人生目標。

思孝豆花另一人氣商品──糯糬，又Q又好吃。

# 創業數據一覽表

| 項　目 | 說　明 | 備　註 |
|---|---|---|
| 創業年數 | 30年 | |
| 創業基金 | 50,000元 | |
| 坪數 | 15坪 | 店面自有 |
| 租金 | 無 | |
| 座位數 | 約20位 | |
| 人手數目 | 平常日3人<br>假日5～6人 | 皆自聘員工，人手配置上，老闆一個人做，其餘都顧店面，一個人九小時 |
| 每日營業時數 | 12小時 | |
| 每月營業天數 | 30～31天 | |
| 公休日 | 每週日中午12點以後固定休息 | 過年時，初一至初三皆休息 |
| 平均每日來客數 | 300-400人 | 平均50元/人 |
| 平均每日營業額 | 17,500元 | |
| 平均每日營業成本 | 6,000元 | 含人力薪資、水電 |
| 平均每日淨利 | 11,500元 | |
| 平均每月來客數 | 13,300人 | 假日來客數約為平日之兩倍 |
| 平均每月營業額 | 665,000元 | |
| 平均每月營業成本 | 180,000元 | |
| 平均每月淨利 | 485,000元 | |

★以上營業數據由店家提供，經專家約略估算後整理而成。

# 如何跨出成功第一步

　　陳景新表示，商品有特色是做生意最基本的要件，這樣才能在百家爭鳴的市場佔得一席之地；第二條件是要能放下身段、有耐心，如果吃不了苦，奉勸還是早早收手，因為做生意得要熬得住，客人回流至少要好幾個禮拜以上；要帶動附近人潮，也要再花一些時間，至於帶動外縣市的市場更非一蹴可幾，一定要穩穩的扎下基礎，付出許多的時間與勞力，才能開花結果。而且做生意沒人算得準，有時地段好卻做不起來，地段差生意卻搶搶滾，這一切都要試試看，才能知道結果。

　　陳景新還強調，經營之初一定要注意成本控制，像是人事支出，請人1小時80元，5小時就要400元，那一天就得多賣好幾碗豆花才能平衡，為了節省開支，最好的方法就是儘量自己來，不要怕累。陳景新也提醒年輕人，不要一下子就想做店面生意，店面表面看起來光鮮亮麗，實際上租金加上裝潢是一大筆開銷，對想要快速累積財富的人來說，路邊攤還是最好的選擇。

# 花生豆花 做法大公開

# 作法大公開

## ★材料100人份

| 項目 | 所需份量 | 價格 | 備註 |
|------|---------|------|------|
| 黃豆 | 1斤 | 6.6元/台斤 | 傳統市場可購得 |
| 蕃薯粉 | 2碗 | 22～25元/台斤 | 超市與傳統市場皆有售 |
| 豆花粉 | 1茶匙 | 100元/台斤 | 傳統市場可購得 |
| 花生 | 20匙 | 40～60元/台斤 | 傳統市場可購得 |
| 砂糖 | 4斤 | 15～20元/台斤 | 超市與傳統市場皆有售 |
| 薑 | 半斤 | 75元/台斤 | 傳統市場可購得 |

## ★製作方式

**1** 前製處理

### 黃豆

1. 黃豆先泡水，夏天溫度高易壞，只要泡5小時，多天可泡7-8小時，然後瀝乾。用磨豆機磨成漿時，使用豆漿豆渣分離的機種最為方便。

2. 將豆漿加熱到滾。

3. 煮豆漿的同時，將
   蕃薯粉與熟石膏調
   水拌勻，等豆漿降
   到85度時，加入調
   勻，放在室溫下10
   分鐘，即會凝固，
   豆花的部分就製作
   完成，再將它冷藏備用。

## 花生

　　將花生浸泡一個
晚上再進行熬煮，熬
煮時先大火滾沸之後
再轉小火慢熬8小
時，直到熟透為止。

## 三薑與糖水

　　將老薑洗淨，用
研磨機打碎取其湯
汁，再把湯汁煮滾。
糖水部分則是水煮滾
後加入砂糖再煮滾，
糖水與薑汁比例可依各人喜好再做調整。

2 製作步驟

1 盛入豆花。

2 加入調好甜度的碎冰。

3 再加兩匙鬆軟香濃的花生，一碗道地的花生豆花，就要完全解您的饞。

## 在家DIY小技巧

市面現成的豆花粉容易帶苦味與澀味，而且一加熱就會軟掉，所以一定要慎選，沒有把握的人，可以拿去專業的食品材料行問問看。烹煮時，溫度與濃度的控制最需要功夫，多試幾次就比較容易掌握到訣竅。

## 獨家秘方

豆花的整個製作過程幾乎都要技術，陳景新說獨家秘方就是「經驗」，不管是火侯的拿捏、濃度的掌控，沒有實實在在的技術累積，絕對做不出道地的傳統風味。

## 美味見證

十幾年前嫁到附近，就喜歡吃這裡的豆花，東西實在，黃豆香很濃，吃久了，現在連兒子也很喜歡，兒子每次都點花生豆花；我愛美，就吃薏仁豆花，夏天吃冰的，冬天就吃熱的，而且我們每次來都會加點一份糯糬，真的好好吃。

陳琪美小姐　三十多歲
家庭主婦

# 老師傅鴨肉羹

鹿港小鎮香味飄
祖傳多年好手藝
鴨甜羹濃一級棒
黃金滷蛋有看頭

# D A T A

老闆：王覽宗
店齡：十五年
創業基金：約10萬
人氣商品：鴨肉羹（30元/碗）、黃金滷蛋（10元/顆）、雞捲（30元/份）
每月營業額：140萬
每月淨利：約87萬
營業時間：每天早上10:00～晚上20:00
店址：彰化縣鹿港鎮民族路159號
電話：（04）777-6629

美味評比 ★★★★☆

人氣評比 ★★★★★

服務評比 ★★★★★

便宜評比 ★★★★☆

食材評比 ★★★★☆

地點評比 ★★★★☆

名氣評比 ★★★☆☆

衛生評比 ★★★★☆

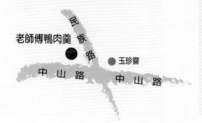

老師傅鴨肉羹

民族路

中山路　中山路

●玉珍齋

來到鹿港小鎮，只要說到「鴨肉羹」，就絕對不能錯過「老師傅鴨肉羹」；熬煮超過一小時以上的鴨骨高湯，經過勾芡處理，以鴨肉為主角，加上筍絲、香菇、薑絲、米酒等配料，烹煮出鮮、美、酸、甜的鴨肉羹，切絲的鴨肉連同滑順的羹湯一起入口，那鮮美別致的口味實在令人難忘。

從鹿港中山路轉民族路，只要看到萬頭攢動的人群聚集處，抬頭一看招牌準是「老師傅鴨肉羹」錯不了。在這個攤上，一碗米糕加一個特製黃金滷蛋，再來份香酥雞捲是老饕的標準吃法，而鴨香四溢的鴨肉羹，湯頭濃郁，嚐鮮可以，配飯吃更適合，所以不論是點心、正餐時間都可見人龍長排，而二樓工作室傳來的切鴨肉急促

剁剁聲，更讓原本就已十
分擁擠的人潮，又增添了
幾分熱鬧的氣氛，足以可
見這裡鴨肉用量之多，銷
量之快。

位於鹿港第一市場邊的「老師傅鴨肉羹」。

## 心路歷程

　　這一鍋遠近馳名的
「老師傅鴨肉羹」，早在
四、五十年前就在現址對
面擺攤，因而香聞整個小
鎮。在鑽研小吃的創始人精心調教下，四十來歲、正值壯年的王老
闆回憶當年，在某因緣下跟隨長輩學習如何烹煮好吃的「鴨肉
羹」，卻壓根兒也沒想過要以此作為終身職業。王老闆說，當時建
築業發達時，他為了賺更多錢，曾轉行做過家具噴漆、裝潢，後來
建築業走下坡，沒想到又回到原點；老實做起生意來。如今這把攪
動「鴨肉羹」的湯杓已經交在自己手上近10多年了，湯頭的傳統原
味沒有變，只是髮鬢漸白，體漸衰；如此而已。

　　雖然「老師傅鴨肉羹」的口碑，不是從自己手中開創的，但從
客人不曾流失反而更增的情況下看來，自己算得上非常對得起開創
者的苦心，雖然現在景氣不好，連帶影響生意，但比起外面的失業
人口，自己算是幸運許多。目前客人不管在地顧客與外來客都有，

老闆王賢宗

> 我已經接手執掌二十年了，目前想要穩定經營，暫不開放加盟。

　　不受季節影響下，夏天與冬天的生意都差不多一樣好。

　　會轉業做鴨肉羹小吃，其實還有另一考量，王媽媽因為擔心兒子單槍匹馬從事建築業會過於辛苦，而鼓勵兩個兒子一起合夥做鴨肉羹，分擔辛苦外也有個照應，如今他們兩兄弟果然胼手胝足的闖出了一片天。

## 經營狀況

**命名**　老顧客都稱老闆為「老師傅」，以此命名，不僅好記也親切。

　　由於早期較少人賣鴨肉羹，王老闆就選定它來賣！擺攤時則直接起用「鴨肉羹」三個字為招牌。後來自己開店時想不出什麼特別名稱來當招牌，於是就將平常客人直呼的「老師仔」，換成較文雅的稱呼「老師傅」三字。當地人叫起來親切，外地來的觀光客也會慕名而至，特別來此一睹「老師傅」風采，卻沒想到「老師傅鴨

雞捲也是店內的人氣商品。

197

肉羹」，口味「老」，「師傅」卻沒有很老。

 地 點 位在第一市場邊，平常就人聲鼎沸，現在加上媒體爭相報導，生意更是興隆。

在鹿港鎮第一市場邊的民族路上，早期是人聲鼎沸的熱鬧市街，地方傳統小吃除了聚集在媽祖廟週邊；也多半集中於此。「老師傅鴨肉羹」在這兒擺路邊攤已有四、五十年

老饕聞香紛沓而至，約五、六坪大小的店面，經常滿座。

的時間，至十多年前王老闆才租下現址（也就是原攤的對面）開始店面營業，雖然近年來在地生意比較不如從前，但是因為週休二日休閒風興起，媒體爭相報導，每逢假日生意興隆、人潮擁簇的景象在此又隨處可見。

 租 金 位於鹿港的黃金地段，一個月租金三萬元，算是物超所值。

位在鹿港的熱鬧傳統市場邊，傳統老式的兩樓層建築，坪數合

計約十坪左右，租金在三萬左右。由於二樓與騎樓空間做爲食材處理及烹調用地，所剩的一樓店面及攤前座位便僅剩20席左右；雖然坪數少，但是地點好，堪稱爲鹿港的黃金地段。

**硬體**　爲保持鴨肉鮮度，冷藏櫃不可缺少。加上攤車、鍋具、營業用桌椅，費用約10萬元。

爲了保有鴨肉的鮮度，因此除了需備有肉類專用冷藏櫃與一般食材營業用的中大型冰櫃，材質大小可視實際需要而定；加熱用的攤車、熬湯用的大型鍋具、炒菜用鍋及瓦斯爐等生財工具也不可少；而陳列小菜的餐車平台，則可視實際需要加以訂製，另外再加上二十人座左右的餐桌椅，合計費用在10多萬元跑不掉。

**食材**　土番鴨肉口感細韌，黃金滷蛋香濃滑嫩，兩樣主打相配合，口味天衣無縫。

口感細韌、較無腥味的土番鴨有固定來源供應，其他相關食材包括麻竹筍刨絲、香菇切絲、嫩薑絲、冬菜乾、米酒等。選用這些食材當然也各具用心；麻竹筍比一般竹筍的筍味還重，吃起來有點酸脆，搭配鴨肉羹的湯頭很適合；選用台灣製的中型乾香菇則是因

為台灣製的乾香菇比較香（曾試用過大陸製，發現還是台灣香菇比較香），而且太大的香菇不好吃，所以用中型的、厚厚的香菇剛剛好；嫩薑絲可以去除鴨肉腥味，又可以提昇湯頭鮮度，其餘配料也都同具異曲同工之妙，因此缺一不可。而新鮮，更是王老闆對這些食材把關的重要條件。

成本控制

鴨肉來源價格波動不大，其他食材以量制價，成本控制不難。

由於鴨肉來源有長期固定配合的供應商，若非有不可抗拒的天災影響產量，一年到頭進貨價格維持每隻平均在150元的水平；其他食材如麻竹筍絲、香菇、薑絲、

別看滷肉飯一點都不起眼，搭配上鴨肉羹與滷蛋，有些人吃好幾碗都還欲罷不能呢！

冬菜，都可以以量制價，特別是利用量產季節大量採購，不僅好吃又便宜。要注意的是，香菇價格較高，一斤約400至500元，購買時需多方比較，但由於它的提味效果好，所以絕對不可少，所幸香菇

的用量較其他食材少，而不致造成成本上的負擔。

為因應廣大客源需求，人力上的支出自然不可避免；估算下來每月薪資支出約在七萬元左右，佔每月淨利不到兩成。

 口味特色　用鴨骨與豬後腿骨共同熬燉的乳白色湯頭，裡面充滿鈣質的鮮甜美味。

　　王老闆採用肉質較韌的土番鴨，切薄細片後不但具口感，而且略帶咬勁，腥澀的鴨肉經過老闆的精心料理，沒有一丁點腥味，滑順爽口又不塞牙。整隻鴨經過川燙後，肉與骨分開處理；整副鴨骨連同豬後腿骨，長時間一起熬煮，等到湯汁色澤轉成乳白色後，豐富鈣質的鮮甜美味一湧而出，就可以加上筍絲、薑絲、香菇、冬菜，再加入切好的鴨肉片；由蕃薯粉芶欠後的湯汁酸、甜、濃、稠，端到桌前，酸酸甜甜的湯頭，再滴三兩滴香醋，這說不出的好味道，嚐了就知道。

　　除了鴨肉羹，「黃金滷蛋」也是一大特色，所謂「黃金滷蛋」就是用鴨蛋所滷的蛋，黑褐的蛋白，裡頭是柔軟金黃色的蛋黃，蛋黃在沒有全熟的狀態，吃起來外面有滷蛋的香味，裡面的蛋黃卻比一般滷蛋更香Q滑嫩。王老闆說，要滷出香Q半熟的蛋黃，火候大小與時間的掌控最重要，火不慎太大或是滷太久，蛋就老了不好吃，而且還要揀選大小一致的鴨蛋一起下鍋，這樣才能讓每顆蛋的熟度一致。

**客層調查** 當地居民是主要的顧客,近幾年因遊客的湧入,讓客源更加多元。

位居市場旁、小吃攤販林立的民族路上,「老師傅鴨肉攤」特製的米糕、黃金滷蛋配鴨肉羹不僅好吃又便宜,多年來在地居民早都習於順道或專程來此大快朵頤一番,附近居民便是其主要客層。近來拜媒體爭相報導所賜,每逢假日都有大量遊客、散戶湧入,散戶以小家庭成員、上班族與學生族群居多;除此,進香團遊覽車成群結隊,扶老攜幼專程來此品嚐老師傅的招牌料理也不在少數。所以攤位上共25個座位,不僅時時座無虛席,人手一碗鴨肉羹,站著吃的悠閒景致,更是這裡常有的景象。

黃金滷蛋中有著家傳的秘方,讓許多人一吃就難忘。

 **未來計畫** 曾經有人來談過加盟事宜,但王老闆目前只想平穩的守住家業。

曾經有業者前來洽談開放加盟事宜,但因為王老闆對此經營方式一直沒有太大興趣及把握。王老闆認為,既然沒有把握不如把現有的生意做好,同時孩子還小,不知道他們將來是否願意繼承父業,現在經濟正值不景氣的當口,能夠平平穩穩地守住,也算是不錯。

## 創業數據一覽表

老師傅鴨肉羹

| 項　目 | 說　明 | 備　註 |
|---|---|---|
| 創業年數 | 15年 | |
| 創業基金 | 100,000元 | |
| 坪數 | 6坪 | |
| 租金 | 30,000元 | |
| 座位數 | 25位 | 客滿是常事，人手一碗站著吃更是常有的景象。 |
| 人手數目 | 6人 | 包括王老闆與老闆娘、王大哥與王太太，以及兩個幫手。一個幫手負責洗碗，其餘五個視情況相互支援調動。 |
| 每日營業時數 | 10小時 | |
| 每月營業天數 | 27～28天 | |
| 公休日 | 月休3天 | |
| 平均每日來客數 | 700～900人 | 平均50元/人 |
| 平均每日營業額 | 40,000元 | 含人力薪資 |
| 平均每日營業成本 | 15,000元 | |
| 平均每日淨利 | 25,000元 | |
| 平均每月來客數 | 28,000人 | 假日來客數約為平日之兩倍 |
| 平均每月營業額 | 1,400,000元 | |
| 平均每月營業成本 | 525,000元 | |
| 平均每月淨利 | 875,000元 | |

★以上營業數據由店家提供，經專家約略估算後整理而成。

## 如何跨出成功第一步

　　同一種東西看別人賣得生意好，換人做做看，結果卻不見得會一樣；不要因為一時羨慕別人享有好成果，就貿然進入這一行。有資金問題考量的人；賣的東西千萬不要太雜；地點的選定也是生意好壞很大的關鍵，再來則是自己心態的調整；路邊攤創業者一定要做好工作時間會拉長、體力負荷量加大與生活形態將有所改變等心理準備。

　　同時，做路邊攤的生意，自己有技術與手藝才是最重要的，有了技術之後，還要切記絕對不能偷工減料，維持小吃品質的穩定，才能擁有長久的客源。

度小月系列10

中部

搶錢篇

204

# 鴨肉羹 做法大公開

# 作法大公開

## ★材料

| 項 目 | 所需份量 | 價 格 | 備 註 |
|-------|---------|-------|-------|
| 鴨肉絲 | 適量 | 一隻約150元 | 傳統市場可購得 |
| 筍絲 | 少許 | 一包20元 | 同上 |
| 香菇絲 | 少許 | 香菇一斤300～600元 依品質而定 | 同上 |
| 米酒 | 少許 | 一瓶60～80元 | 超市即有售 |
| 嫩薑絲 | 酌量 | 30～40元／台斤 | 傳統市場可購得 |
| 蕃薯粉 | 適量 | 25～30元／台斤 | 在超市就可以買到 |

新鮮現宰的土番鴨、麻竹筍絲、香菇絲、薑絲、米酒，蕃薯粉勾芡調配。

## ★製作方式

### 1 前製處理

先將整隻鴨肉煮熟，撥下鴨肉後，整副鴨骨繼續熬高湯；鴨肉以快刀剁細，筍絲、香菇切絲、生薑刨絲，冬菜洗淨備用；將熬好的乳白色鴨骨高湯，煮開後放入筍絲，續放鴨肉絲、香菇絲、冬菜等，起鍋前放入薑絲除腥味即可。

2 製作步驟

1 將熬好的乳白色鴨
骨高湯倒入鍋中，
並煮開。

2 加入筍絲，續煮5至
10分鐘。

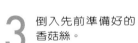

3 倒入先前準備好的
香菇絲。

**4** 加入冬菜乾。

**5** 大約3分鐘之後，放入已經處理好的鴨肉絲，及米酒少許去腥味。

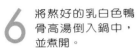

6 將熬好的乳白色鴨骨高湯倒入鍋中，並煮開。

7 鴨肉羹、黃金滷蛋與滷肉飯，已經成為許多鹿港人非吃不可的家鄉味。

## 獨家祕方

煮鴨肉的鴨骨高湯要煮開以後，再放入筍絲、鴨肉絲、香菇絲、米酒、冬菜及獨家調味料，之後再下蕃薯粉勾芡。而且食材一定要以新鮮爲首要原則。

## 在家DIY小技巧

可以買整隻已經宰好洗淨的生土番鴨，整隻入鍋內熬煮一小時，熬出來的湯頭最香，之後起鍋把鴨肉撥除後，鍋內繼續熬煮鴨骨高湯。等鴨肉冷了之後，將鴨肉剁絲，用不完的可以以冷凍方式冰存，熬好的高湯，還可以煮其他湯類。將香菇泡軟切細，再一起把筍絲、已刨好的薑絲與少許冬菜丟入高湯內。鴨肉下鍋時可以倒些許米酒，去去鴨肉腥味。

## 美味見證

魏志龍一家人

魏志龍一家人平時就很喜歡旅遊及品嚐美食，只要是書上寫的、電視播的，一放假便全家總動員專程前往，因此從電視上看到「老師傅鴨肉羹」的介紹後，就專程從台中縣神岡鄉來鹿港吃美食；而鴨肉羹配特製黃金滷蛋，一直都是全家人的最愛。

附錄

# 店家總點檢

## 忠孝豆花

創業基金：約5萬
人氣商品：花生豆花（20元/碗）、糯糬（10元/份）
每月營業額：約66萬
每月淨利：約48萬
店址：台中市忠孝路238號
電話：（04）2282-4927

　　忠孝豆花是30年老字號，店面雖然簡單，美味卻是遠近皆知。忠孝豆花的招牌是花生豆花，老闆陳景新的祖父就是賣花生豆花起家，三代相傳，技術自然不在話下，包辦所有製作豆花工作的陳老闆說，好吃的豆花一定要有口感、要吃到黃豆的自然香味；光是用眼睛看，豆花的滑Q彈性就會讓人垂涎三尺，而聰明的顧客都會點花生豆花，因為它的成本不僅是最高的，而且口感一級棒。

　　豆花製作首重技術，每個步驟都關係著豆花好吃與否，原料與溫度的掌控更為重點，陳景新秉持著一定要做出最好吃的豆花給客人吃的信念，只要一個小步驟沒拿捏好，就把整桶豆花都倒掉，這樣的用心，製作出來的豆花當然好吃，生意也好的一級棒。

# 東海蓮心冰、雞爪凍

創業基金：約20萬
人氣商品：雞爪凍（25元/份）、蓮心冰
（元20/份）
每月營業額：約152萬
每月淨利：約122萬
店址：台中縣龍井鄉新興路1巷1號
電話：（04）2632-0182

　　台中東海名產——「蓮心冰」與
「雞爪凍」，這兩樣好吃的小吃，不僅
在台中打出響亮名號，口耳相傳下，
盛名更是早已不脛而走，遍及全台
灣。

　　冰品底層先鋪一層清香退火的綠
豆沙，再放置香Q軟的大彎豆，上面
再鋪以全脂奶粉製作的冰淇淋冰品，
自然營養、令人口齒留香的「蓮心冰」
就這樣形成。

　　遠近馳名的「雞爪凍」則由十多
種香料搭配成的獨家滷包：經過五到
六小時滷製，滷好的雞爪再經由特殊
冷凍處理，讓被棄如敝屣的「雞
爪」，立即躍身為極受歡迎的零嘴點
心，甚至還引領潮流，行銷全台灣。

　　陳老闆精心研發的蓮心冰與雞爪
凍，除了口味獨特好吃，價格低廉也
是吸引顧客的主要因素；所以客人每
天至少都有三百位以上，不管在店裡
吃或者外帶的都很多，雞爪凍還可宅
配送到家，這也為總體收益增加了近
一倍之多。

# 阿水獅豬腳

創業基金：約1萬
人氣商品：豬腳（60元/份）
每月營業額：約199萬
每月淨利：約99萬
店址：台中市公園路1號
電話：(04)2224-5700

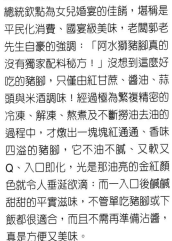

　　來自彰化八
卦山的原始傳統
美味、在台中生
根茁壯的阿水獅
豬腳，紅遍整個演
藝圈，而且曾榮膺阿扁
總統欽點為女兒婚宴的佳餚，堪稱是
平民化消費、國宴級美味，老闆郭老
先生自豪的強調：「阿水獅豬腳真的
沒有獨家配料秘方！」沒想到這麼好
吃的豬腳，只僅由紅甘蔗、醬油、蒜
頭與米酒調味！經過極為繁複精密的
冷凍、解凍、熬煮及不斷撈油去油的
過程中，才燉出一塊塊紅通通、香味
四溢的豬腳，它不油不膩、又軟又
Q、入口即化，光是那油亮的金紅顏
色就令人垂涎欲滴；而一入口後鹹鹹
甜甜的平實滋味，不管單吃豬腳或下
飯都很適合，而且不需再準備沾醬，
真是方便又美味。

　　由於阿水獅豬腳實在太受歡迎
了，目前全省都可宅配到家，全省各
地均可送達：天天吃到阿水獅豬腳早
已不是問題囉！

## 阿連扣仔嗲

創業基金：不可考
人氣商品：蚵仔嗲（30元/個）、韭菜條
（10元/條）
每月營業額：約30萬
每月淨利：約22萬
店址：台中縣南投市大同街179號
電話：（049）220-6665

所謂「扣仔嗲」或是「盒仔塊」，就是將黃豆與在來米研磨成黃豆米漿，不添加任何調味料，沾裹蚵仔、蝦子、韭菜、米糕、香菜、大蒜等內餡油炸而成，再搭配傳統辣椒醬料一同入口，屬於早期地方民俗小吃，遠近馳名的「阿連扣仔嗲」就是這種傳統的黃豆米漿「扣仔嗲」。

新鮮的韭菜配上鹿港的鮮蚵，裹上以在來米和黃豆磨成的濃稠漿汁，經大火油炸而成的蚵仔嗲，真材實料、外脆內腴、豐富飽滿，它的香酥外皮，口感與麵粉皮大大不同。而受歡迎的韭菜條則是將新鮮的韭菜三、四枝綁成一捆，再裹上黃豆米漿，酥炸之後，一口咬下韭香滿盈，實在美味。

老字號的「阿連扣仔嗲」不僅被南投縣政府列為地方特色小吃之一，媒體並且爭相報導，外來觀光客更是把它列為知名小吃。

## 英才路大麵羹

創業基金：約2萬（40年前）
人氣商品：大麵羹（20元/碗）、油豆腐（10/元）、滷蛋（5/元）、滷貢丸（5/元）
每月營業額：約56萬
每月淨利：約36萬
店址：台中市英才路215號巷口
電話：（04）2201-1718

大麵羹是台中特產之一，它不是一般「勾芡」的羹，而是加了適量「食用鹼」的麵，「鹼」的台語音近似「羹」的發音，所以煮出來的湯麵就稱為「大麵羹」。大麵羹的「羹味」與魷魚羹不同，而近似一般熟知的「鹼粽」味道。

大麵羹需經一個多小時熬煮，為了不影響「大麵羹」的原味，只要添加韭菜與油蔥酥佐味，就是客人口中形容「原始的羹味」，那爛而不糊的麵身與清爽不黏稠的湯頭，搭配濃厚韭菜味、油蔥香及些許醬油味，口味單純且具有原味，也特別香。除了大麵羹，滷蛋、滷豆腐與滷貢丸也是客人吃大麵羹時必點的小菜。

每天下午二點開始，英才巷弄的人潮慢慢聚集，這時大麵羹的生意進入顛峰，到了下午三、四點，店家更是全體總動員，根本沒時間多交談一句，瓢子一瓢接一瓢將大麵羹送到客人手邊，而客人們則是自動自發的排隊取用自己要吃的滷小菜，這就是平常英才路大麵羹的景況。

# 南投古早麵

創業基金：約1萬
人氣商品：南投意麵（25元/碗）、（水
蕹菜）肉湯（25元/碗）
每月營業額：約65萬
每月淨利：約50萬
店址：台中縣南投市集賢路23號
電話：（049）224-0943

　　談到南投意麵，以百年老店「源
振發」所生產的意麵最具代表性，源
振發的意麵則厚薄適中，吃起來非常
的Q，只要吃過一次就一定想要再
吃，那柔而不韌、軟而不糊、香而不
嗆的古早意麵口味，是葉家古早麵的
一大特色。

　　葉家古早意麵所添加的肉燥與配
麵的肉湯，都是採用上選上肉加上旗
魚漿精製而成的特殊口味；好吃的意
麵搭配自製的香濃肉燥，美味至極，
滑潤可口的肉片配上南投民間鄉用山
泉水──水耕、莖管粗大的特產蔬菜
「水蕹菜」，它的水分含量高且易熟，
口感比一般土種的蕹菜要更清脆甜
美，而且不易變色，適合下湯
煮，加入肉湯後，湯
頭更顯清淡爽
口。這一碗古
早意麵搭配
一碗肉湯，
不知擄惑多
少南投人的
胃！

# 一中街波特屋

創業基金：約10萬
人氣商品：青花菜起司烤洋芋（40元/
份）
每月營業額：約91萬
每月淨利：約62萬
店址：台中市一中街83-3號
電話：0933-178-270

　　一中街波特屋的青花菜起司烤洋
芋承襲美國傳統風味及品質，採用純
正美國Russet Burbank品種的洋
芋，它含水量低、口感綿密、鬆軟香
甜，進口的Cheddar起司醬，則經過
秘方特調，風味非常獨特。

　　由年輕人創業、小本經營的一中
街波特屋，一開始，顏國文與陳俊瑜
湊了十萬元，買了最基本的餐車、一
個烤箱、一個保溫箱以及一些必備的
備配，如鍋、杓、刀等，就開始營
業，因為商品特殊、且以路邊攤價格
提供餐廳品質的食物，第一個月就大
熱賣，生意長紅到一發不可收拾，平
均每天都賣出200多份洋芋。租下固
定店面，一天的銷售量增加到600
份，一年後開放加盟，至今已
有20個加盟點，下一步他
們更計畫要進駐到百貨
賣場；成立大坪數的獨
立店面，朝美式餐廳的
方向經營。

## 楊清華潤餅

創業基金：約3萬
人氣商品：潤餅（30元/捲）
每月營業額：約51萬
每月淨利：約28萬
店址：台中市五廊街68號
電話：（04）2372-0587

　　享譽台中、擁有三十年歷史的「楊清華潤餅」，潤餅皮薄而韌，內餡清新爽口又帶著香酥氣味，簡單、衛生、明亮的工作吧台與親切和藹的服務態度，都是楊清華潤餅的特色所在。

　　楊清華的潤餅都是現做現賣，所以最好現吃，那溫溫熱熱、圓圓飽飽的潤餅拿在手上時，不妨先用力聞一下，雖然隔著皮，但是那海苔酥香與蛋酥香的香味早已被穿透，當第一口咬開，高麗菜等菜餡的煙依稀可見，酥脆的海苔與蛋酥香味被悶了一下之後，在此時大肆展開，吃了第一口就會一口接一口，最後連不小心掉落的餡，也都捨不得放過，吃完之後，再配上一碗溫熱柴魚湯，幸福的感覺立即令人油然而生……。

## 老師傅鴨肉羹

創業基金：約10萬
人氣商品：鴨肉羹（30元/碗）、黃金滷蛋（10元/顆）、雞捲（30元/份）
每月營業額：約140多萬
每月淨利：約87萬
店址：彰化縣鹿港鎮民族路159號
電話：（04）777-6629

　　來到鹿港小鎮，只要說到「鴨肉羹」，就絕對不能錯過「老師傅鴨肉羹」；熬煮超過一小時以上的鴨骨高湯，經過勾芡處理，以鴨肉為主角，加上筍絲、香菇、薑絲、米酒等配料，烹煮出鮮、美、酸、甜的鴨肉羹，切絲的鴨肉連同滑順的羹湯一起入口，那鮮美別致的口味實在令人難忘。在這個攤上，一碗米糕加一個特製黃金蛋，再來份香酥雞捲是老饕的標準吃法，而鴨香四溢的鴨肉羹，湯頭濃郁，嚐鮮可以，配飯吃更適合，所以不論是點心、正餐時間都可見人龍長排。

　　老師傅鴨肉羹採用肉質較韌的土番鴨，切薄細片後不但具口感，而且略帶咬勁，腥澀的鴨肉經過老闆的精心料理，沒有一丁點腥味，滑順爽口又不塞牙。整隻鴨經過川燙後，肉與骨分開處理：整副鴨骨連同豬後腿骨，長時間一起熬煮，等到湯汁色澤轉成乳白色後，豐富鈣質的鮮甜美味一湧而出，湯汁酸、甜、濃、稠，再滴三兩滴香醋，實在美味可口。

# 潭子臭豆腐 ▍▍▍▍

創業基金：約5、6千塊（31年前）
人氣商品：臭豆腐（30元/份）、酸梅湯（25元/杯）
每月營業額：約122萬
每月淨利：約87萬
　店址：台中中華路夜市（中華路與民族路口）
電話：（04）2220-4019

　　在台中只要提到好吃的臭豆腐就一定不會錯過「潭子臭豆腐」，有人說它的臭豆腐聞起來真的很臭，但是那股臭味不同於平常所聞到的臭豆腐味道；也有人說它一點都不臭，而且聞起來非常香，只要吃過一次就絕對念念不忘，潭子臭豆腐就是以這樣特有的「香味」走紅台中。目前已經交由第二代接手，鮮少露臉的潭子臭豆腐老老闆笑著說：「曾經有老顧客告訴他，這裡的臭豆腐，好像摻了「嗎啡」，讓人吃了還想再吃，像是上癮一般，只要路過此地，不停下來吃一盤都很難對自己交代。」

　　那金黃香酥的外皮，用筷子在豆腐上搓個洞，置入少許自製辣椒醬，讓豆腐更入味，一口咬開酥脆外皮，滑溜細嫩的豆腐一入口，混著特製醬料的香味，原本臭豆腐的臭味立刻化為熱騰騰的香氣，令人食指大動，再配上一口酸脆宜人的泡菜，才剛被撩起的食慾在此時蠢蠢欲動！

# 貓鼠麵 ▍▍▍▍▍▍

創業基金：約1萬
人氣商品：貓鼠三寶麵（50元/碗）、蝦丸（5元/個）、香菇丸（10元/個）、雞捲（10元/個）
每月營業額：約118萬
每月淨利：約76萬
店址：彰化市陳稜路223號
電話：（04）726-8376

　　榮獲消費者協會評審為傳統美食與健康美味兩個獎項，並獲頒中華民國消費者協會89年度「千禧金牌獎」的彰化貓鼠麵，有人聞其名便色變，有人心生好奇，其實貓鼠麵屬於傳統擔仔麵的一種，但與台南擔仔麵的乾式吃法不同，精製肉燥與蛤仔湯細煉後的湯頭，加上彰化特有的寬肩油麵麵條，成就了這一碗帶著濃濃傳統擔仔麵味的湯麵。

　　而光只是吃麵喝湯，實在不夠過癮，所謂的貓屬三寶，並非指貓耳朵、貓鼻子與老鼠尾巴，而是雞捲、蝦丸與香菇丸，加進麵裡就成為貓鼠三寶麵。這三寶可以各別加點，但由於這三寶實在太可口了，時常供不應求，老闆只好常常連夜趕工來製作，好讓遠地而來的饕客能夠大快朵頤一番。目前這三寶還提供宅配服務，全省都可以吃到好吃的貓屬三寶囉！

　　大都會文化感謝中華小吃傳授中心班主任──莊寶華老師，這兩年來不吝提供最正確完整的小吃製法撇步與食材掌控法則，使《路邊攤賺大錢》系列叢書得以提供最正確完整的第一手資訊呈現到讀者手中，特此承謝。

精研小吃二十二年之久的中華小吃傳授中心班主任莊寶華老師，輔導過一萬多家小吃，與她師習小吃的學生廣及全世界，包括大陸對岸，與澳、紐、日、美、新、菲都涵蓋在內，目前在台灣被莊老師輔導過的人次約四萬人，換算下來，將近造就了台灣小吃業年收入720億的經濟奇蹟，實在令人咋舌！

小吃補習班折價券

# 中華小吃傳授中心

● 憑此折價券至中華小吃傳授中心學習小吃

可享學費 **9折** 優惠

電話：(02) 2559-1623

地址：台北市長安西路76號3樓

● 無限期使用

 大都會文化讀者專線 (02)27235216

路邊攤賺大<money10
【中部搶錢篇】

| 作者 | 顏麗紅、歐陽菊映 |
| 攝影 | 黃祥彬 |

| 發行人 | 林敬彬 |
| 企劃編輯 | 莊慧劍 |
| 美術編輯 | 周莉萍 |
| 封面設計 | 周莉萍 |

| 出版 | 大都會文化 行政院新聞局北市業字第89號 |
| 發行 | 大都會文化事業有限公司 |
| | 110台北市基隆路一段432號4樓之9 |
| | 讀者服務專線：（02）27235216 |
| | 讀者服務傳真：（02）27235220 |
| | 電子郵件信箱：metro@ms21.hinet.net |
| 郵政劃撥 | 14050529 大都會文化事業有限公司 |
| 出版日期 | 2003年10月初版第一刷 |
| 定價 | 280 元 |

| ISBN | 986-7651-01-4 |
| 書號 | Money-010 |

Metropolitan Culture Enterprise Co., Ltd.
4F-9, Double Hero Bldg., 432,Keelung Rd., Sec. 1,
TAIPEI 110, TAIWAN
Tel:+886-2-2723-5216    Fax:+886-2-2723-5220
e-mail:metro@ms21.hinet.net

Printed in Taiwan  All rights reserved.
※本書如有缺頁、破損、裝訂錯誤，請寄回本公司更換※
版權所有 翻印必究

大都會文化
METROPOLITAN CULTURE

國家圖書館出版品預行編目資料

路邊攤賺大錢10 中部搶錢篇/顏麗紅、歐陽菊映合著
——初版——
臺北市：大都會文化，
2003〔民92〕
面；公分. —（度小月系列；10）
ISBN 986-7651-01-4（平裝）
1.飲食業 2.創業
483.8                          92009949

北 區 郵 政 管 理 局
登記證北台字第9125號
免 貼 郵 票

# 大都會文化事業有限公司
## 讀者服務部收

110 台北市基隆路一段432號4樓之9

寄回這張服務卡(免貼郵票)
您可以：
　◎不定期收到最新出版訊息
　◎參加各項回饋優惠活動

# 大都會文化 讀者服務卡

**書號：Money-010 路邊攤賺大錢【中部搶錢篇】**

謝謝您選擇了這本書！期待您的支持與建議，讓我們能有更多聯繫與互動的機會。日後您將可不定期收到本公司的新書資訊及特惠活動訊息。

A. 您在何時購得本書：_____年_____月_____日

B. 您在何處購得本書：_____書店(賣場)，位於_____(市、縣)

C. 您從哪裡得知本書的消息：1.□書店 2.□報章雜誌 3.□電台活動 4.□網路資訊5.□書籤宣傳品等 6.□親友介紹 7.□書評 8.□其他_____

D. 您購買本書的動機：（可複選）1.□對主題或內容感興趣 2.□工作需要 3.□生活需要 4.□自我進修 5.□內容為流行熱門話題 6.□其他_____

E. 為針對本書主要讀者群做進一步調查，請問您是：1.□路邊攤經營者 2.□未來可能會經營路邊攤 3.□未來經營路邊攤的機會並不高，只是對本書的內容、題材感興趣 4.□其他_____

F. 您認為本書的部分內容具有食譜的功用嗎？1.□有 2.□普通 3.□沒有

G 您最喜歡本書的：（可複選）1.□內容題材 2.□字體大小 3.□翻譯文筆 4.□封面 5.□編排方式 6.□其他_____

H. 您認為本書的封面：1.□非常出色 2.□普通 3.□毫不起眼 4.□其他_____

I. 您認為本書的編排：1.□非常出色 2.□普通 3.□毫不起眼 4.□其他_____

J. 您通常以哪些方式購書：(可複選)1.□逛書店 2.□書展 3.□劃撥郵購 4.□團體訂購 5.□網路購書 6.□其他_____

K. 您希望我們出版哪類書籍：（可複選）1.□旅遊 2.□流行文化3.□生活休閒 4.□美容保養 5.□散文小品 6.□科學新知 7.□藝術音樂 8.□致富理財 9.□工商企管10.□科幻推理 11.□史哲類 12.□勵志傳記 13.□電影小說 14.□語言學習（____語）15.□幽默諧趣 16.□其他_____

L. 您對本書(系)的建議：_____
_____

M. 您對本出版社的建議：_____
_____

讀者小檔案

姓名：_____ 性別：□男 □女 生日：_____年_____月_____日

年齡：□20歲以下□21～30歲□31～50歲□51歲以上

職業：1.□學生 2.□軍公教 3.□大眾傳播 4.□服務業 5.□金融業 6.□製造業 7.□資訊業 8.□自由業 9.□家管 10.□退休 11.□其他_____

學歷：□國小或以下 □國中 □高中／高職 □大學／大專 □研究所以上

通訊地址：_____

電話：（H）_____（O）_____ 傳真：_____

行動電話：_____ E-Mail：_____

# 大都會文化事業圖書目錄

直接向本公司訂購任一書籍，一律八折優待（特價品不再打折）

## 度小月系列

| | |
|---|---|
| 路邊攤賺大錢【搶錢篇】 | 定價280元 |
| 路邊攤賺大錢2【奇蹟篇】 | 定價280元 |
| 路邊攤賺大錢3【致富篇】 | 定價280元 |
| 路邊攤賺大錢4【飾品配件篇】 | 定價280元 |
| 路邊攤賺大錢5【清涼美食篇】 | 定價280元 |
| 路邊攤賺大錢6【異國美食篇】 | 定價280元 |
| 路邊攤賺大錢7【元氣早餐篇】 | 定價280元 |
| 路邊攤賺大錢8【養生進補篇】 | 定價280元 |
| 路邊攤賺大錢9【加盟篇】 | 定價280元 |

## 流行瘋系列

| | |
|---|---|
| 跟著偶像FUN韓假 | 定價260元 |
| 女人百分百　男人心中的最愛 | 定價180元 |
| 哈利波特魔法學院 | 定價160元 |
| 韓式愛美大作戰 | 定價240元 |
| 下一個偶像就是你 | 定價180元 |
| 芙蓉美人泡澡術 | 定價220元 |

## DIY系列

| | |
|---|---|
| 路邊攤美食DIY | 定價220元 |
| 嚴選台灣小吃DIY | 定價220元 |
| 路邊攤超人氣小吃DIY | 定價220元 |

## 人物誌系列

| | |
|---|---|
| 皇室的傲慢與偏見 | 定價360元 |
| 現代灰姑娘 | 定價199元 |
| 黛安娜傳 | 定價360元 |
| 最後的一場約會 | 定價360元 |
| 殞逝的英格蘭玫瑰 | 定價260元 |
| 優雅與狂野—威廉王子 | 定價260元 |
| 走出城堡的王子 | 定價160元 |
| 船上的365天 | 定價360元 |
| 風華再現——金庸傳 | 定價260元 |
| 貝克漢與維多利亞 | 定價280元 |
| 瑪丹娜——流行天后的真實畫像 | 定價280元 |
| 紅塵歲月——三毛的生命戀歌 | 定價250元 |
| 從石油到白宮—小布希的崛起之路 | 定價280元 |

## City Mall系列

| | |
|---|---|
| 別懷疑，我就是馬克大夫 | 定價200元 |
| 就是要賴在演藝圈 | 定價180元 |
| 愛情詭話 | 定價170元 |
| 唉呀！真尷尬 | 定價200元 |

## 精緻生活系列

| | |
|---|---|
| 另類費洛蒙 | 定價180元 |
| 女人窺心事 | 定價120元 |
| 花落 | 定價180元 |

## 寵物當家系列

| | |
|---|---|
| 寵物當家 | 定價380元 |
| Smart 養狗寶典 | 定價380元 |
| 貓咪玩具魔法DIY | 定價220元 |
| 愛犬造型魔法書 | 定價260元 |

## 發現大師系列

| | |
|---|---|
| 印象花園—梵谷 | 定價160元 |
| 印象花園—莫內 | 定價160元 |
| 印象花園—高更 | 定價160元 |
| 印象花園—竇加 | 定價160元 |
| 印象花園—雷諾瓦 | 定價160元 |
| 印象花園—大衛 | 定價160元 |
| 印象花園—畢卡索 | 定價160元 |
| 印象花園—達文西 | 定價160元 |
| 印象花園—米開朗基羅 | 定價160元 |
| 印象花園—拉斐爾 | 定價160元 |
| 印象花園—林布蘭特 | 定價160元 |
| 印象花園—米勒 | 定價160元 |
| 印象花園套書（12本） | 定價1920元 |
| | （特價**1,499**元） |

## Holiday系列

| | |
|---|---|
| 絮語說相思 情有獨鐘 | 定價200元 |

## 工商管理系列

| | |
|---|---|
| 二十一世紀新工作浪潮 | 定價200元 |
| 美術工作者設計生涯轉彎 | 定價200元 |
| 攝影工作者設計生涯轉彎 | 定價200元 |
| 企劃工作者設計生涯轉彎 | 定價220元 |
| 電腦工作者設計生涯轉彎 | 定價200元 |
| 打開視窗說亮話 | 定價200元 |
| 七大狂銷策略 | 定價220元 |
| 挑戰極限 | 定價320元 |
| 30分鐘教你提昇溝通技巧 | 定價110元 |

| 30分鐘教你自我腦內革命 | 定價110元 |
| 30分鐘教你樹立優質形象 | 定價110元 |
| 30分鐘教你錢多事少離家近 | 定價110元 |
| 30分鐘教你創造自我價值 | 定價110元 |
| 30分鐘教你Smart解決難題 | 定價110元 |
| 30分鐘教你如何激勵部屬 | 定價110元 |
| 30分鐘教你掌握優勢談判 | 定價110元 |
| 30分鐘教你如何快速致富 | 定價110元 |
| 30分鐘系列行動管理百科 | 定價990元 |

（全套九本，特價799元，加贈精裝行動管理手札一本）

| 化危機為轉機 | 定價200元 |

## 語言工具系列

NEC新觀念美語教室　　　　定價12,450元
（共8本書48卷卡帶特價 定價**9,960**元）

## 親子教養系列

兒童完全自救寶盒
　　（五書+五卡+四卷錄影帶）　　定價3,490元
　　　　　　　　　　　　　　　　（特價**2,490**元）
這個時候……你該怎麼辦？　　　定價299元

---

您可以採用下列簡便的訂購方式：
● 請向全國鄰近之各大書局選購　　　● 劃撥訂購：請直接至郵局劃撥付款。
帳號：14050529
戶名：大都會文化事業有限公司（請於劃撥單背面通訊欄註明欲購書名及數量）
● 信用卡訂購：請填妥下面個人資料與訂購單。（放大後傳真至本公司）
讀者服務熱線：（02）27235216（代表號）　　讀者傳真熱線：（02）27235220（**24**小時開放請多加利用）
團體訂購，另有優惠！

---

### 信用卡專用訂購單

我要購買以下書籍：

| 書名 | 單價 | 數量 | 合計 |
|---|---|---|---|
|  |  |  |  |
|  |  |  |  |
|  |  |  |  |
|  |  |  |  |
|  |  |  |  |

總共：＿＿＿＿＿本書＿＿＿＿＿＿＿元（訂購金額未滿500元以上，請加掛號費50元）

信用卡號：＿＿＿＿＿＿＿＿＿＿＿＿＿＿＿＿＿＿＿＿＿＿＿＿＿＿＿＿＿

信用卡有效期限：西元＿＿＿＿＿年＿＿＿＿＿月

信用卡持有人簽名：＿＿＿＿＿＿＿＿＿＿＿＿＿＿（簽名請與信用卡上同）

信用卡別：□VISA □Master □AE □JCB □聯合信用卡

姓名：＿＿＿＿＿＿ 性別：＿＿＿ 出生年月日：＿＿＿年＿＿月＿＿日 職業：＿＿＿

電話：（H）＿＿＿＿＿＿＿＿（O）＿＿＿＿＿＿＿ 傳真：＿＿＿＿＿＿＿＿

寄書地址：□□□＿＿＿＿＿＿＿＿＿＿＿＿＿＿＿＿＿＿＿＿＿＿＿＿＿＿

e-mail：＿＿＿＿＿＿＿＿＿＿＿＿＿＿＿＿＿＿＿＿＿＿＿＿＿＿＿＿＿